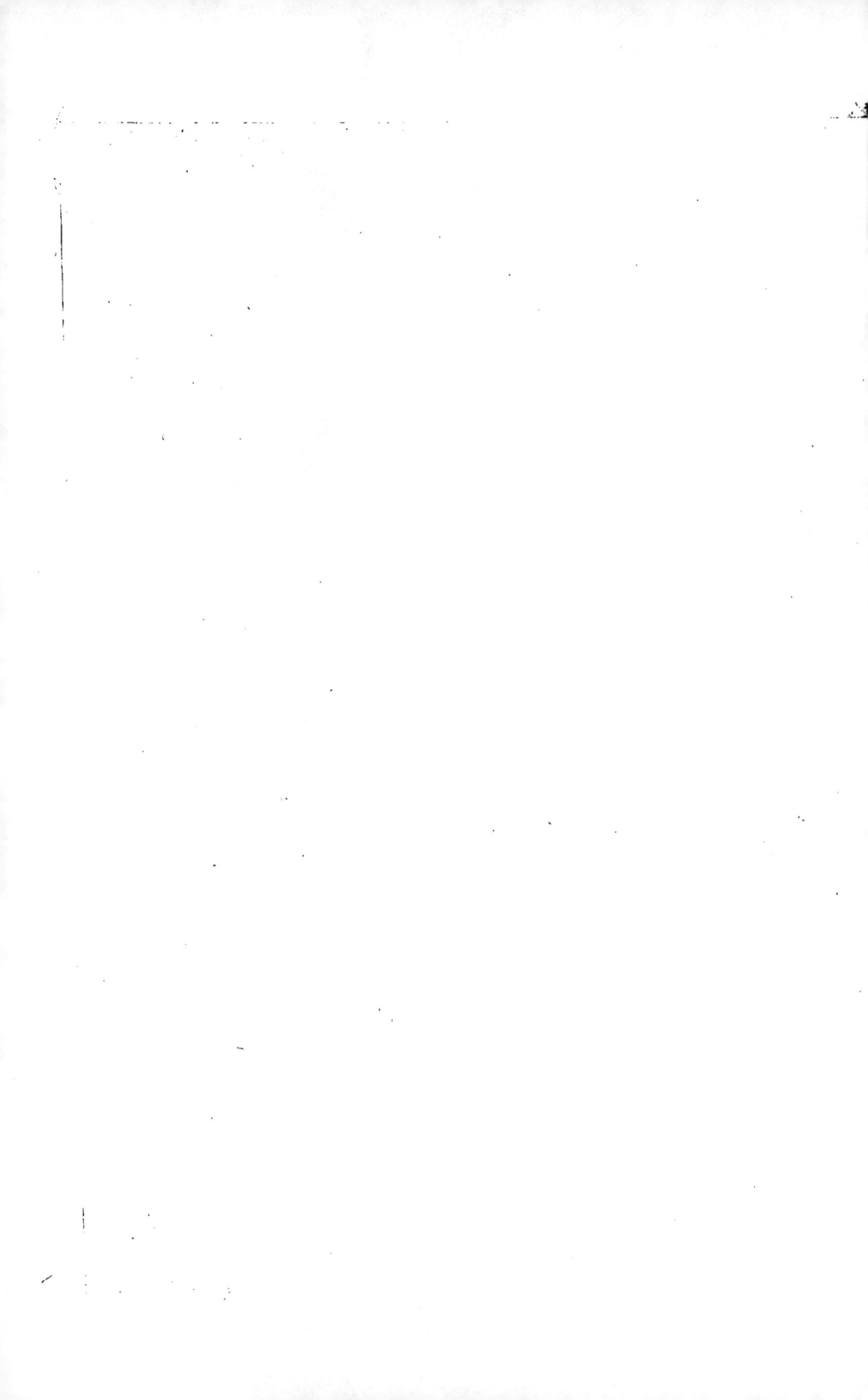

MÉMOIRE

SUR LA NÉCESSITÉ

DU RÉTABLISSEMENT

DE LA

FRANCHISE DU PORT ET DE LA VILLE

DE

DUNKERQUE.

1609)

AU ROI.

SIRE,

LA Franchise de Dunkerque remonte à plus de six siècles; elle est devenue, sous Louis XIV, une institution politique de la plus haute importance.

Elle a eu, depuis, pour constans défenseurs, MM. Barentin, Leblanc, de Beaumont, Hérault de Séchelles, de Caumartin, de Calonne et Esmangart, successivement Intendans de la province, et après eux, l'Administration et les Préfets du département du Nord.

Elle a été aussi constamment soutenue par les Intendans et Ordonnateurs de la Marine en résidence à Dunkerque, et par les Intendans du Commerce et des Manufactures de l'intérieur.

Elle a encore eu, en divers tems, pour appui, les Conseillers d'État et Maîtres des Requêtes spécialement départis à Dunkerque, lorsqu'il était question d'y faciliter l'établissement de quelque nouvelle branche de commerce.

Elle a eu pour protecteurs les grands *Amiraux* comte de Toulouse et duc de Penthièvre; les Gouverneurs prince de Soubise et prince de Robecq.

Organisée par le grand Colbert, elle a été encouragée et maintenue par les Contrôleurs généraux des finances, ses successeurs; par les Ministres de la Marine et de la Guerre, et notamment par le duc de Choiseul et le comte de Maurepas.

Ces grands Fonctionnaires, ces Administrations, dépositaires de la confiance du Gouvernement, n'ont pu considérer la Franchise de Dunkerque que dans l'intérêt de l'État.

Enfin, vos prédécesseurs eux-mêmes, SIRE, ont couvert la Franchise de Dunkerque de leur protection spéciale, et se sont personnellement occupés plusieurs fois de cette utile institution.

Forts de tant de suffrages, encouragés par des opinions d'un aussi grand poids, vos fidèles Dunkerquois, SIRE, mettent avec confiance à vos pieds le Mémoire qu'ils viennent de rédiger à l'appui de leur réclamation, et ils osent, dans ce moment où il s'agit du sort de leur ville, attendre de *VOTRE MAJESTÉ* l'effet de cette protection dont elle a daigné leur donner, à Hart-Well, la bienveillante assurance.

Nous sommes, avec le plus profond respect,

SIRE,

De votre Majesté,

Les très-humbles et très-fidèles Sujets, les Habitans de Dunkerque.

Signé le Ch^{er}. Coppens, Écuyer, ancien Procureur du Roi de l'Amirauté, et Blaisel, Avocat; Députés de la Ville.

Paris, ce 10 septembre 1814.

OBSERVATIONS PRÉLIMINAIRES.

La France, l'Angleterre, l'Espagne et la Hollande se sont disputé, pendant un siècle, la possession de Dunkerque.

Ce port, par sa position heureuse et par la nature formidable de sa rade, présente les plus grands moyens d'attaque et de défense, en même tems qu'il est susceptible de la plus grande prospérité commerciale.

Situé à l'entrée du Pas-de-Calais, il commande cette communication de l'Océan avec les mers du Nord. L'Espagne, pendant la guerre de quatre-vingts ans; la France, pendant celles de la ligue d'Ausbourg et de la succession d'Espagne, en ont retiré les plus éminens services.

Placé d'ailleurs en face de l'Angleterre et à vingt lieues de la Tamise, il maîtrise les six neuvièmes du commerce Anglais, qui se font par le port de Londres, et deux autres neuvièmes qui se font par les ports de l'Ecosse et de la Manche.

Il a le même avantage sur le commerce de la Hollande et sur celui des peuples du Nord dont les navires passent aussi à sa vue.

L'acharnement des Anglais contre ce port, depuis l'acquisition qu'en a faite Louis XIV, a prouvé au monde entier leurs regrets de nous voir maîtres d'une position si redoutable pour eux.

Nous avons développé dans notre Mémoire tous les avantages de la Franchise et la nécessité de son rétablissement : nous en avons démontré l'importance et l'utilité , par l'histoire et par l'expérience ; par l'opinion de Louis XIV et de ses successeurs , et par celles des plus grands hommes d'État : nous l'avons démontrée par les résultats mêmes de cette Franchise , et par les fruits que le commerce et l'État en ont recueillis : nous l'avons démontrée enfin par la jalousie et la haine que l'Angleterre et la Hollande ont constamment manifestées contre Dunkerque.

Ce Mémoire contient plusieurs détails qui sont de nature à ne devoir être connus que du Gouvernement ; nous n'en avons, en conséquence, fait tirer que 15 exemplaires destinés à être remis sous les yeux de Sa Majesté qui en ordonnera la distribution à son Conseil privé et à ses Ministres , si Elle le juge convenable.

Le surplus des exemplaires, destinés au public, a subi les retranchemens que la prudence commandait sur les objets relatifs à l'Angleterre et à la Hollande et sur quelques-unes des considérations politiques qui ont déterminé Louis XIV et ses successeurs à conserver et à étendre les avantages dont la ville de Dunkerque a joui pendant plus de six siècles.

Les mêmes motifs de prudence semblent exiger que la discussion de cette affaire , qui portera nécessairement sur l'ensemble de ces considérations , n'ait lieu que dans le conseil privé du Roi.

Dira-t-on que la Franchise , dont nous demandons le rétablissement , ayant été supprimée par une loi de la Convention nationale , ne peut être rétablie que par une loi. Ce serait une erreur.

Lorsque le décret portant suppression des ports francs

fut rendu , il n'existait d'autre gouvernement que la Convention, qui réunissait tous les pouvoirs. Ses décrets étaient ainsi tantôt des actes de législation, tantôt des actes de Gouvernement. Le comité de salut public n'était qu'une commission chargée de l'exécution des uns et des autres.

Le décret du 11 nivose an 3, qui supprime les Franchises, n'est pas une loi, mais un acte de souveraineté.

La Franchise de Dunkerque établie en 1170, confirmée par tous les souverains auxquels cette ville a successivement appartenu, a de tout tems été considérée comme une institution politique. C'est ainsi qu'ont pensé Louis XIV et ses successeurs; leurs ordonnances, les arrêts mêmes de leurs conseils , et les lettres patentes concernant cette Franchise, n'ont jamais été enregistrés au Parlement.

Sous aucun rapport, l'institution de la Franchise de Dunkerque ne peut être mise dans les attributions du pouvoir législatif. C'est une mesure de politique où des considérations de prospérité commerciale se trouvent liées avec des considérations de sûreté générale ; ces deux intérêts se soutiennent; ils se confondent , ils se fortifient l'un par l'autre.

Ainsi la Franchise de Dunkerque , supprimée par un acte de l'autorité qui exerçait la souveraineté , doit être rétablie par un acte de l'autorité souveraine. Ce droit appartenait au Roi seul par les antiques constitutions du Royaume ; il lui appartient encore d'après l'article 14 de la constitution nouvelle que Sa Majesté vient de donner à la France.

Nous croyons devoir observer que la Franchise de

Dunkerque non-seulement ne fut, dans aucun tems, nuisible aux finances de l'État, mais qu'elle leur était même profitable.

La douane de Dunkerque, du tems de la Franchise, produisait annuellement trois millions, et les avantages accordés à Dunkerque, sous Louis XIV et ses successeurs, avaient d'ailleurs toujours été conciliés avec les intérêts du fisc.

Des abonnemens qui ne grevaient point les habitans et qui n'apportaient aucune entrave à la liberté que la Franchise réclame, étaient réglés par le Conseil du Roi, sur l'avis des Intendans de la province. Les administrations locales les répartissaient entre les contribuables et en faisaient verser le produit dans le trésor royal.

Les Dunkerquois, toujours empressés à prouver leur dévouement au Roi, demandent, par l'organe de leurs députés, qu'il plaise à Sa Majesté de rétablir cet abonnement dans lequel on ne peut voir qu'une disposition bienfaisante et avantageuse à l'État.

Enfin, une considération très-importante dans l'affaire, c'est que Dunkerque ne demande la Franchise que pour son port et l'intérieur seul de la ville renfermée par la triple clôture des canaux, des remparts et de leurs fossés. Il ne demande de Franchise sur aucun territoire adjacent.

MÉMOIRE

SUR LA NÉCESSITÉ

DU RÉTABLISSEMENT

De la Franchise du Port et de la Ville

de Dunkerque.

———————

La Ville de Dunkerque, qui a été le sujet de tant de débats politiques entre les premières puissances de l'Europe, présente un intérêt dont on ne peut se défendre au récit des événemens auxquels elle doit sa célébrité.

Cette ville, tour à tour florissante et malheureuse, a servi l'État, même par ses revers ; et plus d'une fois, la paix a été le prix du sacrifice de sa prospérité.

Sa situation, au centre des mers européennes, a été le germe des succès commerciaux qui l'ont si long-tems illustrée ; elle en a dû le développement à sa Franchise, dont l'existence, qui remonte à six siècles et demi, avait été solennellement et constamment maintenue par Louis XIV et par ses successeurs.

C'est à l'aide de cette Franchise, et malgré ses vicissitudes et ses malheurs ; c'est malgré la guerre, à laquelle il prenait même une part active et glorieuse, que le commerce de Dunkerque s'est élevé, s'est agrandi ; c'est à l'aide de sa Franchise que Dunkerque promettait de devenir bientôt l'émule et la rivale des cités commerçantes les plus renommées, lorsque la révolution éclata.

I

La Franchise de Dunkerque fut considérée, par les novateurs, comme une atteinte à l'égalité ; néanmoins, l'assemblée constituante et l'assemblée législative s'arrêtèrent devant l'œuvre de Louis XIV et de Colbert.

Mais le règne de cette Convention, si fameuse par ses erreurs et par ses crimes, arriva ; et un décret, rendu le 11 nivôse an 3, un de ces décrets que les meneurs du jour savaient si bien enlever sans discussion, à l'ouverture d'une séance, supprima la Franchise de Dunkerque.

Ce décret impolitique ne peut subsister.

Les Députés de Dunkerque ont été admis, le 29 juillet, à l'honneur d'être présentés au Roi : ils lui ont demandé le rétablissement de la Franchise de leur ville ; ils ont exposé à S. M. que l'intérêt général du commerce, que les considérations d'État les plus puissantes, que l'honneur français enfin, réclamaient hautement en faveur de cette institution dont la France entière recueillait le fruit.

Ils viennent offrir dans ce Mémoire la preuve de ce qu'ils ont avancé.

CONSIDÉRATIONS GÉNÉRALES

Sur les Ports Francs.

Un port franc est un entrepôt libre, un marché public, où les négocians, de quelque nation qu'ils soient, peuvent déposer leurs marchandises pour les vendre, ou les échanger, ou les remporter ; où ils peuvent en acheter d'autres qu'ils revendent, échangent ou emportent également à leur gré ; où ils peuvent enfin se livrer à toute espèce de spéculation commerciale sans être, dans aucun cas, soumis à aucune formalité, à aucune espèce d'entraves, ni à aucun droit d'entrée ou de sortie.

La Franchise ne s'applique pas seulement au port ; elle s'étend à la ville dont les habitations et les magasins font nécessairement partie intégrante du lieu franc. L'enceinte de la ville et du port, neutralisée par la Franchise, est réputée étrangère, et la ligne, qui trace cette enceinte, est la frontière commerciale de l'Etat auquel le port appartient. Tout ce qui vient de l'intérieur et pénètre dans l'enceinte est réputé sortir du territoire et paye les droits de sortie ; tout ce qui sort de l'enceinte pour pénétrer dans l'intérieur, paye les droits dus à l'entrée. Les intérêts du fisc sont ainsi pleinement conservés, et la surveillance à cet égard est d'autant plus facile et plus sûre, que la ligne sur laquelle on l'exerce a peu d'étendue, et qu'elle est toujours tracée par des murs, par des fossés, ou par des remparts.

La liberté illimitée du commerce attire d'abord l'étranger au port franc. Il vient y relâcher de préférence et avec sécurité, parce qu'il a l'espoir fondé d'y faire quelque spéculation utile à ses intérêts, et qu'il y jouit, dans tous les cas, de la faculté d'en sortir libre et exempt de tout droit et de toute formalité. La fréquentation du port s'accroît par son propre effet ; bientôt les productions naturelles de tous les pays, les productions industrielles de tous les peuples y arrivent ; et cette prodigieuse variété de marchandises que le port franc offre alors au commerce, ce concours, dans son enceinte, d'hommes de tous les pays, dont les besoins ne sont pas moins variés, y changent en certitude ce qui n'était d'abord pour le spéculateur que l'espoir de n'être pas venu en vain ; le port franc, connu, fréquenté, devient une foire universelle et permanente où le monde entier vient chercher les approvisionnemens de tous genres nécessaires à son luxe ou à ses consommations ; point de denrée, point de fabrication, de quelque nature qu'elle soit, qui n'y trouve son écoulement, soit par vente, soit par échange ; le champ le plus vaste est ouvert aux opérations commerciales ; aucune borne ne leur prescrit de limites.

Existerait-il des hommes qui pussent rester indifférens sur de si grands résultats, ou n'y voir des avantages que pour le commerce d'étranger à étranger? Serait-il possible qu'on se dissimulât l'influence de ce commerce sur celui de l'Etat, et sur la force et la prospérité de l'Etat lui-même?

Nous ne parlerons pas des produits nombreux que procure au fisc cette foule de transactions et d'actes de toute espèce auxquels la sûreté et la régularité des opérations commerciales donnent lieu chaque jour; nous ne parlerons pas du numéraire qu'apporte et laisse un concours immense et perpétuel d'étrangers; ces avantages, quelqu'importans qu'ils soient, ne sont rien en comparaison de ceux que l'industrie nationale retire de la Franchise d'un port, tant sous le rapport des débouchés qui lui sont nécessaires, que sous celui des approvisionnemens dont elle a besoin.

Sous le rapport des débouchés; car, le manufacturier d'un Etat qui n'a point de port franc, est obligé de restreindre ses fabrications aux besoins de l'intérieur et aux demandes qui peuvent lui être faites du dehors; ou s'il les étend au-delà de ces besoins et de ces demandes, il faut qu'à ses risques et frais, il aille porter son superflu chez l'étranger. La prudence alors lui prescrit des bornes, et son industrie se trouve entravée.

Que l'Etat, qui lui doit encouragement et protection, lui ouvre au contraire un port franc, il n'y a plus de superflu pour lui; quelqu'étendue qu'il donne à ses fabrications, leur écoulement est assuré; il trouve, au port franc, tous les peuples en concurrence pour se les procurer; il a le monde entier pour consommateur.

Sous le rapport de ses approvisionnemens; car un port franc les lui procure avec abondance et aux prix les plus avantageux; à des prix même souvent inférieurs à ceux qu'il devrait en donner, s'il les tirait directement des lieux qui les produisent.

Et qu'on ne regarde pas cette dernière assertion comme un paradoxe ; c'est une vérité consacrée par l'expérience, et qui peut d'ailleurs être facilement sentie.

Si le fabricant tire lui-même directement des lieux les approvisionnemens dont il a besoin, il n'offre à son vendeur qu'une opération simple sur laquelle ce dernier doit et veut faire le bénéfice ordinaire de son commerce.

Au port franc, au contraire, il trouve des vendeurs qui, liant la spéculation de vendre la marchandise qu'ils ont apportée, à une seconde combinaison d'achat d'autres marchandises, ont ainsi en vue une double opération qui, en leur procurant un double bénéfice, leur permet de se relâcher de quelque chose sur le prix qu'ils eussent exigé s'ils n'eussent fait que l'opération simple de vendre.

Il y a plus : le manufacturier qui apporte au port franc le produit de ses fabriques, peut faire lui-même cette double spéculation, toujours si avantageuse, de vendre et d'acheter; il peut, soit par des échanges, soit par des ventes et achats, se défaire de ses fabrications et se procurer les matières premières dont il a besoin. Il peut ainsi remplir le double but de ses opérations, le remplir sans bourse délier, et rapporter enfin dans sa caisse, la plus-value de ses fabrications sur la matière brute qu'il s'est procurée pour donner une activité nouvelle à ses ateliers.

Il n'est pas de port franc qui, à ces avantages qui leur sont communs à tous, n'en réunisse d'autres qui résultent soit de sa position particulière, soit de l'énergie, de l'activité ou de l'industrie de ses habitans; et jamais, on ne craint pas de le dire, aucun n'en présenta d'aussi nombreux et d'aussi importans que celui de Dunkerque. Nous nous réservons de les détailler dans la suite de ce Mémoire; les considérations générales que nous venons de présenter suffisent pour asseoir d'abord l'opinion, comme nous avons voulu le faire, sur ce qu'est, en général, la Franchise d'un port.

Cette Franchise, comme on le voit, n'est point un privilége ; elle n'est point une faveur ; c'est une disposition d'économie politique dont l'unique but est la prospérité commune ; c'est un moyen d'étendre et de vivifier le commerce, non pas du port auquel elle est accordée, mais le commerce général de l'État ; c'est une porte ouverte à l'écoulement du superflu de nos fabriques nationales et à l'entrée des matières qui les alimentent.

Dira-t-on que le privilége consiste à accorder la Franchise à tel port plutôt qu'à tel autre ?

Mais alors toutes les institutions publiques seraient donc des priviléges ? Les administrations, les tribunaux, les foires, les marchés, les établissemens de tout genre, seraient autant de priviléges accordés aux villes qui en jouissent ; et les antagonistes des priviléges viendraient donc demander qu'on nous replongeât dans le cahos en supprimant toutes ces institutions, parce que les avantages qu'elles procurent à tout ce qui les entoure, ont des effets plus immédiats sur la prospérité des villes où elles sont établies. La suppression des priviléges, entendue dans ce sens, serait la désorganisation du corps social et de l'ordre public.

Laissons donc ces vaines objections, enfans du délire de ces tems d'anarchie où, pour rendre tous les hommes égaux, on les avait rendus tous malheureux. Aujourd'hui, que les idées saines et justes ont repris leur empire, on ne verra, dans la Franchise d'un port, que l'intérêt général qui en a provoqué la concession ; on n'entendra, par ce mot *Privilége*, dont les édits, lettres patentes, déclarations et ordonnances de nos Rois se sont servis, que ce que nos Rois eux-mêmes ont entendu désigner, c'est-à-dire une institution utile à tous, mais affectée exclusivement à une localité particulière, parce que c'était là même que l'intérêt de tous appellait l'institution ; on ne verra enfin, dans les produits particuliers que le port lui-même en retire, que la jouissance des avantages que lui offre une position qu'il tient de la nature, et dont on ne peut le frustrer sans injustice.

Ah! sans doute il y aurait faveur, il y aurait privilége injuste dans la concession d'une Franchise, si le caprice, si une prédilection arbitraire en avaient déterminé l'emplacement ; mais Dunkerque n'a pas à craindre ce reproche : nous allons le repousser par l'histoire, par l'opinion de Louis XIV et de ses successeurs, par celle des plus grands hommes d'état, par celle de toutes les nations qui ont aussi apprécié la position de Dunkerque ; nous le repousserons enfin par les résultats mêmes de cette Franchise, et par les avantages que le commerce et l'État en ont retirés.

LA FRANCHISE DE DUNKERQUE
jugée par l'Histoire.

Les avantages attachés à l'existence d'un port franc ne pouvaient échapper au génie de Colbert, à qui Louis XIV avait, en sortant de sa minorité, confié l'administration de ses finances. Les vues grandes et profondes que le jeune Monarque avait développées en prenant les rênes de l'État, lui en faisaient également apprécier l'étendue. Convaincu de l'influence de la prospérité du commerce sur le bonheur des peuples et sur la gloire nationale, attribuant la nullité du commerce en France aux liens fiscaux qui l'enchaînaient dans tous les ports, Louis XIV conçut le projet de le dégager de ces entraves et de donner à l'industrie française les moyens de se développer.

Au Nord, ce Prince voyait la Hollande devenue, par la franchise qu'elle accordait au commerce, le marché général des Nations.

Au Midi, Gênes et Livourne, dont les ports jouissaient aussi de cette liberté vivifiante, étaient l'entrepôt général des marchandises du Levant.

Dans cet état de choses, Louis XIV pensa qu'il était, non pas seulement utile, mais indispensable d'ouvrir en France deux ports francs, l'un dans la Méditerranée, l'autre vers la mer du Nord ; il sentit que sans le secours de cette institution, la France devait, non-seulement renoncer aux justes espérances que pouvaient lui donner et la richesse de son sol et son industrie, mais qu'elle était condamnée à devenir, sous ce rapport, tributaire de la Hollande et de l'Italie.

Grandes vues de Louis XIV sur Dunkerque.

Marseille s'offrait naturellement à Louis XIV pour rivaliser Gênes et Livourne ; mais aucun port, dans le Nord de la France, ne lui présentait une position convenable à ses desseins. Ce prince jeta dès lors ses vues sur Dunkerque, dont les Anglais étaient en possession depuis deux ans, par suite d'un traité entre la France et Cromwel.

Dunkerque, par sa situation à l'entrée de la mer du Nord, à une égale distance de la Baltique et de la Méditerranée, semblait indiqué par la nature pour être le siége des rapports commerciaux des peuples du Nord et de ceux du Midi.

Dunkerque communiquait d'ailleurs avec l'intérieur du royaume par les canaux de Saint-Omer et de Bergues, qui, se ramifiant et se confondant avec d'autres canaux et des rivières, tant dans la Flandre française que dans l'Artois et le Cambrésis, présentaient, surtout aux manufactures de ces provinces, des moyens de transport faciles et économiques (1).

Le canal de Furnes offrait le même avantage aux fabricans de la Belgique.

Dunkerque, par sa position en face de l'Angleterre, en appelait

(1) Le canal de Saint-Quentin étend aujourd'hui à toute la France les communications de la ville de Dunkerque.

aussi le commerce, et sa proximité en faisait naturellement le point d'appui des spéculations anti-fiscales des négocians Anglais.

D'autres considérations attiraient encore l'attention de Louis XIV.

Le port de Dunkerque est à l'entrée du Pas-de-Calais; il commande ce passage nécessaire aux vaisseaux qui se rendent de l'Océan dans les mers du Nord, ou des mers du Nord dans l'Océan.

La rade de Dunkerque semble d'ailleurs avoir reçu de la nature une constitution privilégiée tant pour l'attaque que pour la défense, et sa force naît des difficultés mêmes qu'elle présente aux navigateurs qui veulent y pénétrer.

Cette rade est défendue par une quantité de bancs qui, se croisant et se couvrant les uns les autres, ne laissent pour entrée que des passes qu'il faut connaître, en sorte que le port n'est accessible qu'avec le secours des pilotes cotiers qui se font de la position de ces passes une étude de tous les jours.

Cette position de Dunkerque avait été appréciée par toutes les puissances maritimes de l'Europe. Ce port avait été successivement pris et repris par l'Espagne, la Hollande, la France et l'Angleterre en 1576, 1583, 1645, 1652 et 1658.

Dunkerque, objet d'une lutte aussi longue et aussi opiniâtre, avait surtout fixé l'attention de l'Europe pendant la mémorable guerre de 80 ans.

C'était à Dunkerque que s'étaient formés les plus grands armemens de l'Espagne contre la Hollande; c'était dans les Dunkerquois que l'Espagne avait trouvé ces marins intrépides qui soutinrent sa cause avec tant d'héroïsme, ces marins qui préféraient la mort à la honte d'être vaincus, et qui, lorsque le sort trahissait leur courage, lançaient, en périssant, la foudre et les débris embrasés de leurs vaisseaux sur leurs ennemis vainqueurs; c'était de Dunkerque qu'étaient sorties ces flottes formidables et ces nombreux corsaires qui, vengeurs des succès de la Hollande dans d'autres mers, la faisaient trembler pour elle-même sur ses côtes et désolaient son commerce sous ses yeux.

Dunkerque, qui s'était ainsi illustré, s'était en même tems rendu célèbre comme port de commerce.

Sa Franchise remontait à l'an 1170. Elle lui avait été accordée par Philippe d'Alsace, comte de Flandre ; elle avait été confirmée et maintenue par Philippe comte de Flandre et de Vermandois, en 1186 ; par Philippe Le-Bel en 1299 ; par l'Archiduc de Bourgogne en 1408 ; par Charles-Quint en 1520 ; par Philippe II en 1558 et 1583 ; elle l'avait été par toutes les capitulations qui avaient été faites lors des changemens successifs de domination que nous venons de rappeler.

Dunkerque, enfin, dans ces tems d'alarmes, avait prouvé combien la Franchise pouvait, pendant la guerre, procurer de ressources à l'État en hommes, en objets d'armemens, en approvisionnemens, et combien elle pouvait, par la course, seconder les opérations de la marine royale.

Louis XIV se détermina donc à faire tout ce qui pouvait dépendre de lui pour devenir maître d'une position aussi importante. Il ne se dissimulait pas les obstacles invincibles qu'il rencontrerait s'il en faisait négocier ouvertement l'acquisition ; en conséquence, il chargea M. le comte d'Estrades de la lui ménager secrètement.

M. le comte d'Estrades se rendit à cet effet à Londres. Il parvint à mettre dans ses intérêts le chancelier lord Clarendon. Le roi d'Angleterre avait besoin d'argent ; on lui offrit cinq millions, et la vente fut accordée à ce prix, par un traité du 25 octobre 1662.

Pour perpétuer la mémoire de cet événement, Louis XIV fit frapper une médaille portant pour légende : *Providentia Principis*, et pour exergue : *Dunkerca recuperata* MDCLXII. Il fit aussi peindre , par le célèbre Lebrun , un magnifique tableau que l'on voit encore aujourd'hui figurer au plafond de la galerie de Versailles , parmi ceux qui retracent les grands événemens de ce siècle. La France y est assise sur un trône et tend les bras à la ville de Dunkerque qui lui présente ses clefs. On lit au bas cette inscription : *Acquisition de Dunkerque* MDCLXII.

Peu après cette vente , le parlement d'Angleterre fut convoqué et les réclamations les plus vives s'élevèrent contre le traité. Lord Clarendon fut hautement dénoncé comme traître à son pays , pour avoir donné les mains à l'aliénation d'une place qui , par sa position, pouvait procurer au commerce de si grands avantages et était particulièrement propre *à l'établissement d'un port franc ;* et si le roi n'eût pris le parti de dissoudre le parlement, on eût fait le procès au lord Clarendon , malgré son éminente dignité.

Empressé de faire jouir ses peuples des fruits qu'il s'était promis de cette importante acquisition, empressé de réaliser, au profit de la France, le projet que l'Angleterre avait formé pour elle-même , Louis XIV, dès le mois suivant, rendit l'édit qui reconnaît et confirme la Franchise de Dunkerque.

Maintien et extension de l'ancienne Franchise de Dunkerque.

Les grandes vues du Roi s'y trouvent développées d'une manière remarquable ; l'homme d'État qui les a rédigées était animé de l'esprit du Monarque , et après avoir tracé le tableau de l'Europe , pendant les années précédentes , il s'exprime ainsi :

« Nous avons été obligés de joindre nos armes à celles d'An-
» gleterre , et en conséquence de laisser en leurs mains la ville
» de Dunkerque conquise par nos communes forces. Nous avons
» depuis estimé *que nous ne pouvions rien faire de plus glorieux*
» pour nous, de plus considérable pour le bien de la chrétienté,
» l'affermissement de la paix entre les couronnes, le repos
» et la tranquillité de nos sujets , *la sûreté et le rétablissement du*
» *commerce, que de retirer cette importante place des mains de*

» *l'étranger*, et en même temps y établir le seul exercice de la
» religion catholique et romaine et *y rendre le commerce plus*
» *florissant et plus abondant* qu'il n'a jamais été...... et comme
» un des plus grands fruits que nous nous sommes promis de
» cette acquisition consiste *au rétablissement du commerce* et
» qu'il importe à cet effet de rendre à cette place, *autrefois si*
» *fameuse parmi les négocians , son ancienne réputation , à*
» *convier toutes nations d'y venir trafiquer ,* nous avions résolu
» de la remettre, non seulement dans tous les priviléges dont elle
» a ci-devant joui, mais encore de lui accorder toutes les autres
» Franchises, exemptions et immunités dont jouissent les villes
» les plus florissantes. »

« A CES CAUSES..... Nous avons maintenu et gardé, et par ces
» présentes signées de notre main, maintenons et gardons ladite
» ville de Dunkerque, port, havre et habitans d'icelle, en tous
» les droits, priviléges, franchises, exemptions et libertés dont ils
» jouissaient auparavant et depuis la déclaration de guerre. Vou-
» lons et nous plaît que tous marchands, négocians et trafiquans
» de quelque nation qu'ils soient, y puissent aborder en toute
» sûreté, et décharger, vendre et débiter leurs marchandises fran-
» chement et quittement généralement de tous droits d'entrée
» foraine, domaniale et de tous autres de quelque nature et qua-
» lité qu'ils soient, sans aucuns excepter ni réserver; comme aussi
» que lesdits marchands, négocians, puissent acheter et tirer de
» la ville toutes les marchandises que bon leur semblera, les
» charger et transporter sur leurs vaisseaux, pareillement franche-
» ment et quittament de tous droits de sortie et autres quelcon-
» ques ; et pour traiter d'autant plus favorablement lesdits mar-
» chands et négocians étrangers et les convier à porter leur négoce,
» même à s'établir et s'habituer dans ladite ville de Dunkerque,
» nous avons à tous lesdits marchands et négocians étrangers qui
» viendront trafiquer, s'établir et habituer dans ladite ville, ac-

» cordé et par ces mêmes présentes accordons le droit de natura-
» lité pour jouir par eux des mêmes priviléges, prérogatives,
» exemptions et avantages dont jouissent nos naturels sujets, sans
« pour ce ils soient tenus de prendre aucune lettre de nous, ni
» nous payer aucune finance dont nous les avons dispensés et dé-
» chargés, dispensons et déchargeons soit qu'ils veuillent s'y ha-
» bituer pour toujours, soit qu'ils s'y établissent seulement pour
» leur trafic et négoce....Nous réservant au surplus d'accorder
» à nos sujets de ladite ville d'autres marques de notre affection
» envers eux, et *de la protection particulière que nous voulons*
» *donner, en toutes rencontres, à tout ce qui concernera ledit*
» *commerce.* Si donnons en mandement, etc. »

Dans tout ce qui précède, on voit sans doute des dispositions
spécialement avantageuses à la ville de Dunkerque ; mais est-ce
pour cette ville elle-même, ou pour l'intérêt général du commerce
que ces dispositions ont été adoptées ?

Est-ce pour favoriser les habitans de Dunkerque, pour lesquels
il ne pouvait avoir d'affection, puisqu'ils n'étaient pas ses sujets,
que Louis XIV aurait sacrifié cinq millions à l'acquisition de leur
ville ? Est-ce pour favoriser un commerce qui n'aurait profité qu'aux
seuls habitans de Dunkerque, qu'il leur aurait accordé les avantages énoncés dans l'Édit que nous venons de rapporter ? Est-ce
pour l'avantage exclusif de Dunkerque que Louis XIV y aurait
appelé les étrangers par des faveurs ? Aucune de ces suppositions
ne peut être raisonnablement admise.

Louis XIV a apprécié la position de Dunkerque ; il a senti que
la nature avait placé cette ville dans le lieu le plus propre à
attirer et à réunir les Nations commerçantes et sur-tout les
peuples du Nord ; il a jugé les effets qu'un port franc pouvait y
produire ; il a estimé, comme on vient de le lire dans l'Édit, qu'il
ne pouvait faire rien de plus glorieux, *pour la sûreté et le rétablissement du commerce, que de retirer Dunkerque des mains de*

l'étranger ; il a déclaré que les plus grands fruits qu'il se promet-
tait de l'acquisition de cette place était le rétablissement du com-
merce , et qu'il avait voulu convier toutes les Nations à y venir
trafiquer. En un mot, il a partagé l'opinion des Auglais, relative-
ment à l'influence qu'un port franc , *établi à Dunkerque* , pouvait
avoir sur la prospérité du commerce de l'État.

Alarmes des Hol-
landais.

Les Hollandais , qu'on peut sans doute considérer aussi comme
de bons juges à cet égard , les Hollandais qui , à cette époque ,
couvraient toutes les mers de leurs vaisseaux , et rapportaient
dans leurs ports les productions de toutes les parties du monde ;
les Hollandais , dont les richesses étaient si considérables que le
crédit de la banque d'Amsterdam montait à plus de 3,000 tonnes
d'or (1) ; les Hollandais conçurent les plus vives alarmes à la première nouvelle de la Franchise que Louis XIV venait d'accorder
à Dunkerque.

Les villes d'Amsterdam et de Rotterdam , et quelques-unes de
la Zélande , s'empressèrent d'envoyer des députés aux États-Généraux des Provinces-Unies pour réclamer contre cette Franchise.

« La plus grande partie des ouvriers des manufactures , di-
« saient-ils , retirés en Hollande depuis vingt ans , veulent s'en
« retourner vers Gand et Bruges pour trafiquer avec Dunkerque.
« — Les meilleurs marchands déclarent que , si la Franchise
« de Dunkerque subsiste , ils y enverront des facteurs , et
« qu'ils suivront après cela avec leur famille. — La Zélande ap-
« préhende surtout pour son commerce de sucre , de tabac et
« d'indigo , et les gens les plus éclairés voyent qu'avant quatre
« ans , Dunkerque leur aura ôté tout le commerce et aura ruiné
« leur pays. »

Telles étaient les réclamations qui s'élevaient de tous les points

---

(1) Une tonne d'or vaut 100,000 florins.

de la Hollande. Les États-Généraux partagèrent ces alarmes, et réclamèrent à leur tour auprès de Louis XIV : ils lui présentèrent la concession de la Franchise de Dunkerque comme une infraction à l'alliance du 27 août 1662 ; l'échange des ratifications de ce traité, dont il était question dans ce moment, fut suspendue ; il fallut toute l'adresse et les talens persuasifs dont était doué M. le comte d'Estrade, envoyé extraordinairement à la Haye dans cette circonstance, pour calmer les inquiétudes des Hollandais, et l'échange des ratifications n'eut lieu qu'au mois de mars 1663.

Dans l'intervalle de ces événemens, Louis XIV était venu prendre en personne possession de la ville et du port de Dunkerque ; S. M. y était arrivée le 2 décembre 1662, et avait donné dans cette circonstance mémorable, de nouvelles preuves du haut intérêt qu'elle attachait au port de Dunkerque, sous le rapport de son commerce.

Protection spéciale de Louis XIV.

Louis XIV n'ignorait pas que le commerce fuit les ports militaires. La concurrence du service de ces ports avec les opérations commerciales apporte toujours, ne fut-ce qu'accidentellement, des entraves aux mouvemens de celles-ci, et le commerce n'en veut aucune ; la possibilité seule d'en éprouver, l'effarouche et l'éloigne.

Dunkerque cependant faisait exception à cet égard, et de tous tems on l'avait vu allier les opérations militaires et les opérations commerciales ; on y avait vu même ces opérations s'y entr'aider et se favoriser mutuellement.

Louis XIV voulut profiter de cet heureux amalgame ; il voulut conserver à Dunkerque ses moyens de gloire et de prospérité, et il sentit que pour donner un plus grand développement à ces moyens, il fallait les y maintenir dans une parfaite indépendance. Les dépenses énormes qu'il fallait faire pour cela ne l'arrêtèrent point, et S. M. approuva, à Dunkerque même, des plans qui donnaient à la marine royale, dans des enceintes séparées, tout ce qui pouvait être nécessaire à son service.

D'après ces plans, on creusa, entre la ville et la citadelle, un bassin assez large pour contenir à flot trente gros vaisseaux de guerre ; on fit élever, sur les deux côtés de ce bassin, des corderies assez considérables pour y faire des câbles des plus grandes dimensions ; entre ces deux immenses bâtimens, et à l'une des extrémités du bassin, on construisit un grand magasin d'armes.

Un terrein très-spacieux, qui existait près de ces établissemens, fut choisi pour y placer les chantiers de construction et les bois destinés à y être employés ; on y établit des magasins pour les vivres et pour tout ce qui est nécessaire à l'armement des vaisseaux.

Enfin on construisit, dans cette enceinte, plusieurs maisons convenablement distribuées pour servir de logemens et de bureaux aux officiers militaires et civils, ainsi qu'aux principaux employés de l'administration de la marine.

Par ces sages et importantes dispositions, Louis XIV prévenait tout sujet d'inquiétude et de contrariétés ; il réservait librement et exclusivement le port au service du commerce ; il lui réservait ses chantiers, ses magasins, ses officiers de port, ses bureaux de courtage et de pilotage ; il lui laissait, en un mot, la jouissance libre et séparée de toutes ses institutions.

Louis XIV porta en même tems son attention sur l'amélioration du port. Un immense banc de sable, qui en barrait l'entrée, fut percé ; des jetées furent construites ; l'écluse de Bergues, nécessaire au nettoyement du port, fut restaurée ; enfin tout annonça l'importance que le Prince attachait à cette position et l'étendue des succès commerciaux qu'il en attendait.

Dunkerque répondit à cette attente, et en peu d'années son commerce prospéra au point que les négocians de cette ville y employaient environ soixante-dix bâtimens à eux, et une égale quantité de bâtimens étrangers. Les Hollandais, les Anglais, les Irlandais, les Hambourgeois et tous les peuples du Nord affluaient au port et le vivifiaient.

En 1690, la ferme générale parvint, par son crédit, à porter une première atteinte à la Franchise de Dunkerque. Un léger droit fut établi sur les sucres bruts étrangers.

Entraves de la Ferme générale.

D'autres droits furent ultérieurement imposés sur d'autres objets par divers arrêts du Conseil.

Le Commerce de Dunkerque ne tarda point à souffrir très-sensiblement de ces atteintes.

Le mal ne provenait pas cependant de l'établissement en lui-même de ces droits ; leur importance n'était rien dans la masse des opérations commerciales dont Dunkerque était le théâtre ; mais leur perception donnait lieu à des déclarations, à des visites, à des formalités, qui rebutaient et éloignaient le commerce. Peu à peu l'on vit diminuer le nombre des vaisseaux qui relâchaient au port, et cette décroissance progressive finit par devenir alarmante.

M. Barentin, nommé en 1699 intendant de ce département, ne fut pas plutôt arrivé à Dunkerque, que, portant sur son administration le coup-d'œil d'un homme d'Etat, il s'aperçut de la langueur dont le commerce de cette ville était frappé, et en trouva la cause naturelle dans les entraves que la ferme générale y avait apportées.

Il ne tarda point à mettre cet important objet sous les yeux du Gouvernement dans un mémoire plein de vues sages et profondes. Nous croyons devoir en extraire ici le préambule.

« La ville de Dunkerque, dit ce magistrat, est importante » par les dépenses que le Roi y a faites ; elle l'est aussi par » elle-même. Sa situation, au milieu des nations maritimes avec » lesquelles la France est le plus ordinairement en guerre, la » rend utile en ce temps-là et son importance pendant la guerre,

3

» mérite qu'on ait attention à la soutenir pendant la paix. Comme
» elle n'a ni denrées ni manufactures, elle ne peut être soute-
» nue que par son commerce maritime, lequel ne peut être
» soutenu que par la Franchise de son port.

» L'utilité de cette Franchise, continue-t-il, ne doit pas être
» seulement considérée par rapport à la ville de Dunkerque ;
» elle doit l'être aussi par rapport *à la province*, par rapport
» *au royaume*, et par rapport *aux fermes du Roi*. »

M. Barentin développe ensuite ces idées. Il démontre l'influence de la Franchise du port de Dunkerque sur la prospérité de nos manufactures, sur la vente de nos productions ter-
ritoriales, sur l'emploi des bras, sur les avantages que procure
le commerce étranger, sur la baisse du prix des denrées et
des produits industriels du dehors ; en un mot, sur la richesse
et la prospérité publiques.

Confirmation de la Franchise de Dunkerque dans toute son étendue.

Le Mémoire de M. Barentin, que nous regrettons de ne pouvoir
donner ici en entier, mais dont on trouve un extrait assez
étendu dans l'histoire de Dunkerque par M. Faulconnier, frappa
le Gouvernement, et après avoir entendu la ferme générale,
Louis XIV, en son conseil, rendit un arrêt, le 30 janvier 1700,
qui rétablit la Franchise de Dunkerque dans son intégrité.
Cet arrêt fut suivi d'une déclaration du Roi, en date du 16 février
de la même année, qui en ordonna l'exécution.

L'Angleterre de-mande la destruc-tion du port de Dunkerque.

La prospérité de Dunkerque, en même tems qu'elle procurait au commerce national des avantages incalculables, influait
nécessairement, en sens inverse, sur le commerce de l'Angleterre.

La position de la France, après neuf années de la guerre de la
succession d'Espagne, dans laquelle toute l'Europe était liguée
contre elle, parut aux Anglais une occasion favorable pour
demander la destruction du port de Dunkerque.

En 1709, M. Boile, l'un des secrétaires d'état de la Grande-Bretagne, inspira au parlement cette pensée : « Que la guerre » ayant coûté *tant de sang et de trésors à la nation Anglaise*, » il était juste qu'elle en retirât *quelque fruit* à la conclusion d'une » paix ; que lorsque l'on viendrait à en traiter, on devait insister » à la démolition des fortifications de la ville de Dunkerque » *et à la ruine de son port qui causait tant de pertes au* » *commerce anglais.* »

Le parlement adopta cet avis. Il soumit son vœu, par une adresse, à la reine Anne qui promit de faire tous ses efforts pour en obtenir l'accomplissement.

Et en effet, l'article 17 des préliminaires de paix proposés par les alliés, signés par eux à la Haye le 28 mai 1709, et rapportés à Versailles par M. le marquis de Torcy, secrétaire d'état pour les affaires étrangères, exigeait de Louis XIV la promesse de *faire raser* les fortifications et *le port de Dunkerque*, sans qu'il fût permis de les rétablir, ni *de rendre le port navigable à jamais,* ni directement, ni indirectement.

Mais Louis XIV rejeta ces propositions ; il rappela M. le président Rouillé qui était resté en Hollande pour les négociations et la guerre continua.

Au commencement de 1710, les Anglais, encouragés par les succès de l'armée alliée et notamment par la prise de Tournay et de Mons, tombées en leur pouvoir à la fin de 1709, revinrent à leur projet, et par de nouvelles propositions de paix, ils demandèrent de nouveau que *le Roi de France fît raser les fortifications de Dunkerque et combler le port.*

M. le maréchal d'Uxelles et M. l'abbé de Polignac furent envoyés à Gertruidenberg, lieu destiné aux conférences pour la paix ; ils y arrivèrent le 9 mars. Les conférences se prolongèrent et la campagne s'ouvrit par le siège de Douay que M. d'Albergeot rendit aux alliés le 27 juin, après une résistance longue et opiniâtre. Bethune , Aire , Saint-Venant furent aussi forcés de se rendre.

L'Angleterre n'en insista que plus fortement sur la destruction de Dunkerque ; mais Louis XIV ne put encore se résoudre à y consentir, et les négociateurs Français quittèrent la Hollande le 25 juillet pour revenir à Paris.

Louis XIV détache les Anglais de la coalition en leur sacrifiant Dunkerque. Cependant les revers que la France continua d'éprouver l'épuisèrent au point qu'il ne lui était plus possible de tenir contre la ligue formidable qu'elle avait à combattre ; il fallait ou demander la paix, ou trouver quelque moyen de diviser une si puissante coalition.

Ce dernier parti fixa l'attention de Louis XIV. Il crut que le moyen d'y parvenir serait de détacher l'Angleterre de la cause des alliés , en proposant lui-même de consentir à la démolition du port de Dunkerque. M. Ménager fut envoyé à Londres à cet effet en 1711.

La reine Anne s'empressa de faire part au parlement de cette proposition ; et dans son discours aux deux chambres on remarque cette phrase : « *La démolition de Dunkerque assurera ,* DE MIEUX EN MIEUX , *le commerce dans ces quartiers-ci.* »

Le sacrifice offert par Louis XIV détermina les Anglais, et il fut convenu que Dunkerque serait remis en leurs mains jusqu'après l'accomplissement de la démolition promise.

Les ordres que la Reine Anne crut devoir envoyer en conséquence à M. le duc d'Ormond , qui commandait l'armée anglaise , furent si prompts , que dès le 27 juin 1712 , sept jours seulement après les dernières propositions de Louis XIV , ce général déclara au prince Eugène et aux députés des états généraux , qu'il allait se retirer avec les troupes de l'Angleterre et celles qui étaient à sa solde.

Cependant les généraux des troupes auxiliaires ayant refusé

de suivre M. le duc d'Ormond, l'exécution de la convention se trouva suspendue.

Mais pour lever cette difficulté, la Reine Anne se hâta de promettre à Louis XIV que s'il voulait consentir à remettre Dunkerque, nonobstant que les troupes étrangères à la solde de l'Angleterre refuseraient en tout ou en partie de se retirer, elle conclurait sa paix particulière, et laisserait aux autres puissances un certain tems pour accepter les conditions dont l'Angleterre et la France seraient convenues.

Louis XIV adhéra à cette proposition, et la reine Anne fit de suite expédier de nouveaux ordres à M. le duc d'Ormond, qui réitéra en conséquence aux alliés la déclaration qu'il allait se retirer. Il quitta en effet leur camp le 17 juillet 1712, emmenant avec lui vingt-deux bataillons et vingt-quatre escadrons. Le 19, Dunkerque fut remis à M. Hill, à qui la reine d'Angleterre en avait donné le Gouvernement, et le 23, la nouvelle de la prise de possession étant arrivée à Londres, la Reine fit tirer sur-le-champ le canon du parc St.-James, une heure après celui de la Tour, et sur le soir la joie publique se manifesta par des feux et des illuminations dans plusieurs quartiers de la capitale.

La retraite des Anglais, prix de la ruine de Dunkerque, produisit bientôt les effets que Louis XIV s'en était promis, et la mémorable victoire que le maréchal de Villars remporta à Denain sur les alliés, malgré la grande supériorité que ceux-ci avaient encore en nombre sur l'armée Française, vint préluder aux succès glorieux de nos armes.

La prise de Marchiennes suivit de près la victoire de Denain. Les alliés perdirent, dans ces deux occasions, vingt-trois bataillons d'infanterie, trois escadrons de cavalerie, un convoi de cinq cents chariots destinés au siége de Landrecies et une immense quantité tant de canons que de munitions de guerre et de bouche.

L'armée alliée, affaiblie, désorganisée, leva le siége de Lan-drecies, passa l'Escaut le 8 août et se retira vers Tournay. Les Français qui avaient investi Douay, y entrèrent le 8 septembre. Mortagne , St.-Amand , Marchiennes tombèrent également en leur pouvoir ; Bouchain se rendit le 19 octobre, et cinq jours après, le 24, le Quesnoy nous ouvrit également ses portes.

L'Angleterre avait sûrement prévu les conséquences que devait entraîner sa défection envers les alliés ; elle avait sûrement prévu les revers que cette défection inopinée leur préparait ; mais la cause de ses alliés n'était rien pour elle dès qu'elle obtenait la destruc-tion de Dunkerque ; la ruine du commerce de cette ville avait été son principal et peut-être son unique objet en prenant les armes ; la ruine du commerce de Dunkerque, *comme on l'avait hautement déclaré dans le parlement*, importait à la sûreté de l'Angleterre et à l'extension de son commerce ; la destruction du port de Dunkerque , *comme l'avait dit M. Boile*, payait suffisam-ment au gré des Anglais, le sang et les trésors qu'ils avaient prodigués.

La défaite des alliés, la prise de tant de places importantes, suites de la défection des Anglais, devaient néanmoins lui donner de plus grands résultats encore.

La grande question de la succession au trône d'Espagne, pour laquelle toute l'Europe était en armes depuis 11 ans, fut enfin décidée par les Traités signés à Utrecht dès le 7 novembre 1712 , et la succession resta dévolue à la famille des Bourbons.

Ainsi, c'est le but même de l'une des guerres les plus mémo-rables et les plus importantes , que l'Angleterre sacrifia sans balancer aux avantages qu'elle trouvait pour son commerce dans la destruction du port de Dunkerque ; ainsi et pesant tout dans la balance de son intérêt, l'Angleterre préféra les dangers que pouvait lui présenter un jour la réunion des couronnes de France et d'Espagne dans une même famille , plutôt que de laisser échapper les espérances de prospérité commerciale qu'elle trouvait dans la ruine de ce port.

Louis XIV, cependant, voyait avec regret le renversement des espérances qu'il avait fondées sur Dunkerque, lorsque M. Leblanc, qui avait succédé à M. Barentin dans l'intendance de la province, représenta à S. M. que tout le pays se trouvait menacé d'inondation si l'on ne donnait aux eaux un écoulement qui pût remplacer celui qu'elles allaient perdre par le comblement du port. Par ce motif, et pour donner d'ailleurs de nouveaux moyens d'existence à la ville de Dunkerque, il proposait de créer un nouveau port à Mardick, en y creusant un canal dont il donnait le plan.

Remplacement du port de Dunkerque par celui de Mardick.

M. Leblanc s'était rendu à Paris pour solliciter l'exécution de ce projet, et l'intérêt qu'inspira la cause de Dunkerque fut tel, que le Roi lui-même daigna s'en occuper. S. M. accorda plusieurs audiences à M. Leblanc; et après s'être convaincu que l'état et le commerce en général retrouveraient dans ce nouveau canal les avantages qu'ils allaient perdre par la destruction de l'ancien port, ce Prince consentit à l'exécution du projet.

M. Leblanc fut de retour à Dunkerque le 6 mars 1714. L'heureuse nouvelle dont il était porteur y rappela l'espérance et le courage.

On travailla dès lors avec activité à la démolition prescrite par le fatal Traité; une digue immense barra le port; mais on fit marcher de front le creusement du nouveau canal.

Les Anglais ne tardèrent point à s'élever contre l'exécution de ces derniers travaux, et M. Prior, leur ambassadeur, fut chargé de réclamer auprès de Louis XIV.

Réclamation de l'Angleterre contre le port de Mardick.

Bientôt après, la cour de Londres envoya extraordinairement à Paris M. Stairs, qui annonça qu'il ne prendrait ni audience ni caractère qu'il n'eût préalablement obtenu satisfaction sur les ouvrages de Mardick ; et pour y parvenir, il remit un nouveau mémoire à M. de Torcy le 5 février 1715.

Quelques phrases des Mémoires de MM. Prior et Stairs, vont prouver que si l'Angleterre avait craint le port de Dunkerque, comme port militaire, elle ne le craignait pas moins comme port de commerce.

« Que les vaisseaux, disait M. Prior, puissent aborder à Dun« kerque par le vieux canal ou par le nouveau, Dunkerque sera « également *incommode et* DANGEREUX *au commerce de la Grande-* « *Bretagne.* »

« Le Roi, mon maître, disait M. Stairs, ayant extrêmement « à cœur de voir accomplir l'article IX du Traité d'Utrecht, qui « est de SI GRANDE CONSÉQUENCE *tant pour la sûreté que* POUR LE « COMMERCE *de la Grande Bretagne,* et souhaitant ardemment « *d'établir l'amitié et la bonne correspondance entre les deux* « *nations*, LESQUELLES POURTANT NE SAURAIENT JAMAIS PRENDRE RACINE « ET FLEURIR *tant qu'il reste des appréhensions et des jalousies* « *sur des points* AUSSI DÉLICATS *que le sont* LA DESTRUCTION DU » VIEUX PORT DE DUNKERQUE ET LA CONSTRUCTION DU NOUVEAU, m'a « ordonné, etc. »

Plus loin il dit : « Je ne veux pas douter que les ordres de S. M. « seront tels, qu'ils puissent *guérir* les sujets du Roi, mon maître, « *des appréhensions qu'ils ont d'être frustrés, par ce nouveau* « *canal, de tout le fruit de la démolition de Dunkerque,* et puis« sent les délivrer de l'appréhension qu'on leur prépare, en ce nou» veau port, UN FLÉAU PLUS TERRIBLE *au commerce et à la sûreté de la* « *nation*, que celui dont ils se croyaient délivrés par le traité. »

Dunkerque cependant, Dunkerque comme place de guerre, comme poste militaire, n'existait plus ; ses fortifications, ses murailles étaient rasées ; la mine avait fait sauter les risbans et les forts ; Dunkerque n'était pas plus susceptible de défense que le moindre village ; mais on avait ouvert aux eaux un nouveau débouché qui allait donner à Dunkerque un nouvel accès à la mer ; son commerce détruit pouvait renaître à l'aide de ce nouveau canal, et à cette seule idée, voilà l'Angleterre en alarmes ; la voilà qui tremble pour le commerce anglais ; le port de Mardick, dit l'Ambassadeur, sera pour la Grande-Bretagne aussi dangereux que celui de Dunkerque ; il compromet également sa sûreté ; ce nouveau port lui ôtera tout le fruit de la démolition de l'ancien et sera pour l'Angleterre un fléau plus terrible que celui dont elle se croyait délivrée ; rien ne peut guérir les Anglais des appréhensions qu'ils en conçoivent ; et ce mal qu'ils craignent, ce mal éventuel, ce mal que Dunkerque cependant ne peut plus leur causer *que sous le seul rapport du commerce;* ce mal est tel, cet objet de discussion est si *important,* si *délicat,* que l'ambassadeur Stairs déclare qu'il ne peut ni demander audience ni développer son caractere sans une satisfaction préalable sur les ouvrages de Mardick. L'amitié et la bonne correspondance ne peuvent subsister entre les deux nations, et par conséquent il faut recourir à la guerre, si *le commerce* de Dunkerque, si redoutable aux Anglais, n'est détruit et ruiné pour le présent et pour l'avenir.

Il était impossible de plaider avec plus de chaleur, aux yeux des Français, la cause de Dunkerque et de sa Franchise.

Le cabinet de Versailles résista donc à toutes les instances des ambassadeurs anglais, et leurs réclamations furent constamment repoussées par Louis XIV.

Ce prince mourut le 1er septembre 1715, et Louis XV, âgé de cinq ans et demi, lui succéda, sous la régence de M. le duc d'Orléans.

Dunkerque continuait à jouir de sa Franchise dans son nouveau port, et luttait avec courage contre ses infortunes ; mais de nouveaux malheurs allaient le frapper.

4

Destruction du port de Mardick.

La position et la politique de la France à cette époque firent naître l'idée d'une triple alliance entre cette puissance, l'Angleterre et la Hollande.

L'Angleterre déclara qu'elle était prête à la conclure ; mais à condition que le port de Mardick ou nouveau port de Dunkerque serait détruit, comme l'avait été l'ancien.

La France tenait à l'alliance qu'elle avait projetée, et la ville de Dunkerque fut encore une fois sacrifiée. La destruction du nouveau port fut stipulée dans l'article 4 du Traité d'Alliance conclu à la Haye le 4 janvier 1717. La France renonça au droit d'établir un nouveau port à deux lieues de distance de chacun de ceux dont la destruction avait été successivement exigée, et le Roi d'Angleterre, en communiquant ce Traité au parlement, le 2 mars, lui disait que *par cette alliance, ils allaient être dans peu délivrés de toutes craintes, pour l'avenir, par rapport à Dunkerque et à Mardick.*

Efforts des Dunkerquois pour relever leur Commerce.

D'après le Traité, la petite écluse de Mardick, qui avait vingt-six pieds d'ouverture, fut conservée telle qu'elle était, quant à sa profondeur, pour procurer l'écoulement des eaux du pays ; mais la largeur de cette écluse fut réduite à seize pieds.

Quelque faible que fût ce moyen de communication à la mer, la Franchise, que le Gouvernement lui avait conservée, soutint le courage des industrieux Dunkerquois. Ils travaillèrent sans relâche à décombler le chenal et à applanir les sables des côtés qu'ils recouvrirent de gazon plat en forme de digue ; ils procurèrent ainsi un abri aux vaisseaux depuis l'écluse jusqu'à l'estran.

Ils rétablirent aussi les talus des fascinages qui avaient été rasés, et les prolongèrent jusqu'à la basse mer, le long du chenal qu'ils creusèrent pour faciliter l'écoulement des eaux ; ils établirent des quais de part et d'autre jusqu'à l'estran, avec des

chandeliers pour l'amarrage des vaisseaux ; ils parvinrent enfin
à mettre le chenal en état de permettre à d'assez gros vaisseaux
de monter jusqu'à l'écluse.

Ces travaux étaient achevés, lorsque le 31 décembre 1720, .
une tempête affreuse rompit la digue que l'Angleterre avait fait
élever dans l'ancien port.

Les Dunkerquois crurent pouvoir profiter de cette faveur du
Ciel ; ils crurent pouvoir profiter d'un événement de mer im-
prévu qui venait présenter à leur industrie de nouveaux moyens
de se développer. Leur port, fermé depuis près de sept ans, était
rempli d'écueils et n'offrait de toutes parts que le spectacle
le plus affligeant ; mais leur courage ne connut point d'obstacles ;
le port fut nettoyé, et à force de travaux, de soins et de constance, on y vit renaître le commerce qui paraissait en être écarté
pour jamais.

Tant d'efforts méritaient d'être encouragés.   Protection de

Déjà, par arrêt de son conseil en date du 10 octobre 1716, Louis XV.
Louis XV avait conservé au port de Mardick la Franchise dont
le port de Dunkerque jouissait précédemment ; mais il voulut
lui donner d'autres marques de sa protection.

En octobre 1721, il lui accorda la liberté de faire le commerce aux Iles françaises de l'Amérique.

En octobre 1722, ce monarque autorisa le passage par Dunkerque, et sans paiement de droits, des denrées et marchandises
provenant du sol ou des fabriques de France, et destinées pour
les provinces de l'intérieur. Cette faculté donna une grande
activité au cabotage, dont on verra plus loin l'importance.

En 1735, les fermiers-généraux, sous le bon plaisir du conseil de S. M., passèrent, avec Dunkerque, une convention pour
la continuation du commerce des Colonies.

Dans tous les baux de la Ferme générale, le Gouvernement

stipula la réserve des priviléges et de la Franchise de Dunkerque.

En 1748, les fortifications nouvellement construites du côté de la mer furent encore démolies en exécution de l'article 17 du traité d'Aix-la-Chapelle ; mais le port resta ouvert et le commerce n'en souffrit point.

Le 16 février 1759, une ordonnance du Roi dispensa de l'ordre des classes de la marine, non-seulement les matelots originaires de Dunkerque, mais aussi les matelots étrangers qui viendraient y chercher du service et s'y établir. Le nombre des marins s'y augmenta dès lors prodigieusement et fournit au commerce de nouveaux moyens de prospérité.

Nouvelle destruction du port de Dunkerque.

Dunkerque, ainsi protégé, s'était relevé de sa chûte, et son commerce avait repris sa célébrité ; mais Louis XV, ayant fait rétablir le port militaire, pendant la guerre qui existait alors, et le sort des armes ne nous ayant point été favorable, l'Angleterre, dans le traité de paix conclu en 1763, exigea non-seulement le sacrifice des ouvrages, mais même celui du port ou si l'on veut du canal.

En exécution de ce traité, les batteries, la cunette, les aquéducs, le bassin, les écluses, et toutes les constructions ou fortifications nouvelles ; en un mot, les travaux de toute espèce qui avaient été faits, furent détruits, et l'on pratiqua, dans les jetées, un grand nombre de coupures, afin que le charroi périodique du sable que la mer entraînerait à chaque marée, encombrât le canal et le rendît impraticable pour les moindres vaisseaux.

Mais ce n'était point assez pour les malheureux Dunkerquois de voir ainsi leur commerce condamné de nouveau à la nullité et à la misère, ils furent encore obligés de recevoir parmi eux des commissaires Anglais chargés de s'opposer à tout ce qu'ils pourraient vouloir tenter pour atténuer, s'il était possible, les effets d'une aussi cruelle vengeance.

Enfin, l'acharnement des Anglais contre Dunkerque était tel à cette époque ; leurs craintes de voir un jour cette ville se relever encore et rivaliser de nouveau leur commerce, étaient portées au point, qu'il semblait que la destruction du pays pouvait seule mettre un terme à leurs alarmes, et ils osèrent demander jusqu'à la démolition des écluses de Bergues, qui entretenaient dans le canal la profondeur nécessaire à l'écoulement des eaux.

Une demande aussi extraordinaire détermina M. le duc de Choiseul, ministre de la guerre, à se rendre lui-même à Dunkerque ; mais après avoir pris connaissance de l'état des lieux, il déclara à MM. les commissaires Anglais que s'ils persistaient dans leur prétention, le Roi était prêt à recommencer la guerre. Les écluses de Bergues furent donc conservées ; le port demeura ce qu'il fallait qu'il fût pour préserver Dunkerque et les châtellenies environnantes du fléau des inondations ; mais tous les moyens commerciaux de ce port lui furent enlevés, et l'Angleterre pour cette fois crut bien avoir renversé pour jamais sa redoutable rivale.

Le commerce de Dunkerque, violemment renversé par cette dernière catastrophe, se voyait même privé de toute espérance pour l'avenir ; le moindre travail, la moindre réparation au port ne pouvaient avoir lieu sans l'approbation de l'Angleterre, représentée par son commissaire, et tout ce qui pouvait donner le plus léger encouragement aux efforts des Dunkerquois, pour conserver au moins une ombre de commerce, était repoussé comme contraire au Traité. Bientôt toutes les relations commerciales, tant au dehors qu'au dedans du royaume, cessèrent entièrement ; les capitalistes, les négocians, les matelots, les pêcheurs désertèrent une ville où il ne leur était plus permis d'exister, et cette cité fameuse, cette cité si remarquable par le mouvement et la vie dont elle présentait partout le tableau, n'offrit plus que l'aspect d'un désert.

Dunkerque gémissait sous le poids de cette oppression lorsque
la guerre d'Amérique vint faire luire à ses yeux un nouveau
rayon d'espérance.

En 1778, Louis XVI reconnut l'indépendance des Etats-Unis ;
le célèbre combat de la frégate française la Belle - Poule contre
la frégate anglaise l'Aréthuse, commença les hostilités ; la guerre
fut immédiatement déclarée, et Dunkerque, animé du désir de
recouvrer son commerce, fit des efforts prodigieux. Dès cette
même année, 31 corsaires sortirent de son port ; 96 furent armés
en 1779 ; leur nombre s'éleva à 111 en 1780 ; il s'accrut jusqu'à 140 en 1781, et 134 tenaient déjà la mer en 1782, lorsque
l'indépendance de l'Amérique fut reconnue par l'Angleterre.

La paix fut signée à Paris en 1783 ; Dunkerque redevint libre,
et les immenses bénéfices, que la course de cette guerre avait procurés à ses armateurs, furent le germe d'une nouvelle prospérité commerciale.

Louis XVI ne tarda point à prouver que, comme ses illustres
prédécesseurs, il appréciait les services que le port de Dunkerque avait rendus et pouvait rendre encore au commerce et à
l'État. Dès le mois de février 1784, il confirma, par des lettres patentes, la Franchise de ce port. Les considérations sur lesquelles
Sa Majesté motiva ce nouvel acte de protection, sont consignées
dans le préambule des lettres patentes, et doivent être ici rappelées.

« Lorsque Louis XIV, dit ce prince, eut acquis *l'importante*
« ville de Dunkerque, il crut ne pouvoir *mieux faire, pour y ap-*
« *peler et y fixer le commerce,* que d'accorder à son port et à ses
« habitans les priviléges les plus étendus. Tel fut l'objet des lettres
« patentes de 1662 et de 1700. Fidèle au plan *et aux vues élevées*
« de ce Prince, sur les traces duquel nous nous faisons gloire de
« marcher, nous balançons d'autant moins à confirmer ces privi-
« léges, *que les avantages inestimables qui en ont été la suite,*

« *nous apprennent quels heureux effets nous devons en attendre*
« *dans les circonstances présentes.* »

Le commerce de Dunkerque n'avait besoin pour renaître que
de n'être pas enchaîné ; la protection du Gouvernement rappela
bientôt dans cette ville la population qui s'en était éloignée , et dès
l'année 1785 , elle s'y était accrue au point que les habitations ne
pouvaient plus y suffire.

De nouvelles lettres patentes du Roi furent données à cette occasion le 24 avril ; S. M. céda à Dunkerque tous les terreins qui lui
appartenaient dans son enceinte ; elle les lui céda *pour favoriser*
l'accroissement de sa population et de son commerce ; elle les lui
céda parce qu'elle le jugea nécessaire à l'accroissement , à l'a-
grandissement , à l'embellissement et à la salubrité d'une ville *si*
digne (portent les lettres patentes) *de sa protection , et à laquelle*
il était dans son intention de procurer tous les avantages dont
elle était susceptible et qui pouvaient la rendre de plus en plus
intéressante.

Dunkerque justifia de si honorables témoignages : nous pré-
senterons plus loin le tableau glorieux pour cette ville des avantages aussi précieux que multipliés que l'État et le commerce
ont retirés de la liberté rendue à son activité et à son industrie ;
ce tableau fera ressortir les motifs de la protection éclairée dont
nos Rois l'ont honorée dans tous les tems.

La révolution survint , et au mois d'août 1789 , l'article X d'un
décret rendu par l'assemblée constituante , déclara : « Que tous
« priviléges particuliers des provinces, principautés, pays, cantons,
« villes et communautés d'habitans , soit pécuniaires, soit de toute
« autre nature , étaient abolis sans retour , et demeureraient con-
« fondus dans le droit commun de tous les Français. »

La conservation de la Franchise des ports de Marseille , de
Bayonne et de Dunkerque fut , dès lors , mise en problème.

Les assemblées constituante et législative laissent subsister la Franchise de Dunkerque.

De nombreux adversaires attaquèrent ces institutions sages, et s'armèrent contre elles du mot *Privilége*, sous lequel on les avait constamment désignées.

Ils ne voulurent point voir que ce mot *Privilége* avait un tout autre sens que celui que l'assemblée constituante avait eu en vue en rendant son décret ;

Ils ne voulurent point voir que ce mot, appliqué aux Franchises des ports, ne désignait point un avantage accordé à une localité au préjudice d'une autre ;

Ils ne voulurent point voir que l'institution d'un port franc était utile à tout le commerce de l'État ; qu'il était ainsi le privilége de tous, si privilége il y avait ; que tout le privilége ne pouvait consister qu'en ce que la Franchise était placée dans tel port plutôt que dans tel autre ; mais que, ne pouvant placer cette institution partout, il avait bien fallu la fixer quelque part, et qu'en la plaçant là où elle pouvait le mieux convenir à l'intérêt général, c'était encore pour le bien de tous qu'elle y existait ;

Ils ne voulurent point voir enfin, qu'un port franc n'était pas plus un privilége, dans le sens du décret de suppression, que ne l'étaient les marchés, les foires qu'on ne songeait point à détruire, et que n'allaient l'être les chefs-lieux de département, dont l'organisation se préparait alors.

Mais l'assemblée constituante ne s'y trompa point ; elle ne voulut pas heurter, par un décret, des esprits dont l'exaltation s'augmentait par les obstacles ; mais elle fit justice, par son silence, de la longue et opiniâtre agression des adversaires des ports francs.

L'assemblée législative tint la même conduite.

La Convention supprime la Franchise de Dunkerque.

Il était réservé à la Convention de détruire une institution dont plus de six siècles d'expérience avaient démontré les précieux avantages ; elle le fit par son décret du 11 nivôse an 3.

Jusqu'alors du moins, et lorsque l'étranger arrachait au Gouvernement français le sacrifice du port de Dunkerque, la Franchise, constamment conservée au moindre cours d'eau qui lui
donnait accès à la mer, laissait un principe de vie au commerce ;
mais la Convention supprima la Franchise, et frappa Dunkerque
de mort.

Nous aurions désiré pouvoir réfuter ici les motifs du rapport sur
lequel ce décret a été rendu ; mais les extrêmes se touchent, et
l'absurdité n'est pas plus que l'évidence, susceptible de discussion. Il faut LIRE ce rapport pour en concevoir une juste idée. Il
est rapporté dans le Moniteur du 19 avril 1794.

Les grands mots : *Décrets républicains, Inconstitutionnalité,*
Despotisme, Fédéralisme, Régime anti-commercial des Rois,
Chûte des barrières, Murailles monarchiques ou fédérales,
Cloisons ennemies de la liberté, Enceinte nationale ; tous ces
mots magiques de ces tems malheureux sont entassés pêle-mêle
dans ce rapport insensé, et ne présentent qu'un boursouflage
amphigourique dont le sens est impossible à saisir.

Ici le rapporteur, séduit par une antithèse, pense que puisqu'il y a des ports *Francs*, il y a des ports *esclaves ;* là il soutient
que les Franchises *nuisent* aux lieux qui en *profitent ;* ailleurs
il met en fait que les *Franchises* sont des *servitudes ;* il est seulement embarrassé de savoir si ce sont des servitudes pour les
ports Francs *eux-mêmes, ou* pour les *autres* ports.

Plus loin on le voit, ignorant jusqu'aux premières notions de la
matière qu'il traite, privé de toute idée sur les mesures qui con-
servent les droits du fisc et préviennent toute introduction frau-
duleuse, croire ingénument que toute marchandise reçue au
port-franc, peut être ensuite expédiée dans l'intérieur au mépris
des prohibitions et au détriment de l'industrie nationale ; on
le voit s'étonner, d'une autre part, de ce que, nonobstant la
Franchise, des droits soient perçus sur les marchandises qui

5

entrent de France dans l'enceinte de cette Franchise , ou qui en sortent pour entrer en France.

Pour terminer enfin par un beau mouvement oratoire, il adjure le patriotisme des Citoyens de Marseille , de Bayonne et de Dunkerque ; il les appelle à *l'unité commerciale de la République* , et leur garantit que leurs ports, *en repoussant l'étranger,* vont devenir l'entrepôt général *de toutes les nations.*

Tel est , oh honte ! le déplorable et ridicule assemblage de vains mots , d'incohérences , de contradictions , d'ignorance et d'absurdités, qui prévalut sur les immortels édits de Louis XIV, de Louis XV et de Louis XVI , et qui fit accorder à l'étranger ce que sa politique et ses armes, pendant une lutte de soixante-dix ans , n'avaient pu lui faire obtenir (1).

C'est contre cet acte de délire que les habitans de Dunkerque réclament la justice du Monarque que le Ciel vient de rendre à nos vœux.

Après avoir invoqué l'hsitoire en faveur de cette ville , appelons à l'appui de sa réclamation , les résultats connus de cette Fran-

_____

(1) Lors de la proposition faite à la Convention de supprimer la Franchise des ports de Marseille , de Bayonne et de Dunkerque , cette proposition avait été renvoyée au comité de salut public pour faire un rapport sur les motifs qui avaient déterminé Louis XIV et Colbert , lors de l'établissement de ces Franchises. L'affaire devait donc être solennellement discutée dans un grand ordre du jour , et sur le rapport du comité chargé de procurer les renseignemens désirés par la convention. Il paraît que le comité de salut public , convaincu de la nécessité de conserver les ports Francs , s'était déterminé à suivre l'exemple des assemblées constituante et législative , et de laisser tomber cette affaire dans l'oubli ; mais , le 11 nivôse , à l'ouverture de la séance , le premier rapporteur de l'affaire monte à la tribune : « les Franchises de Mar- » seille , de Bayonne et de Dunkerque , dit-il , sont contraires aux principes » d'unité, de liberté et d'égalité » ; et sur ces mots , et sans discussion , la suppression de ces Franchises est prononcée. *Moniteur , séance du 11 nivôse an 3.*

chise dont elle demande le rétablissement, et dont l'ignorance ou l'intérêt peuvent seuls contester la nécessité.

LA FRANCHISE DE DUNKERQUE
appréciée par ses résultats.

Plus d'une fois, dans le récit historique qui précède, nous avons vu nos Rois, ainsi que leurs Ministres ou principaux Agens, reconnaître les services éminens rendus, par la ville de Dunkerque, au commerce général et à l'État. Plus d'une fois nous avons vu la conduite des nations rivales attester plus hautement encore ces services. Nous avons pris l'engagement de les faire connaître dans tous leurs détails. Nous allons remplir cette promesse et considérer à cet égard Dunkerque : 1°. dans l'état de paix ; 2°. dans l'état de guerre.

Résultats pendant la paix.

Les avantages que l'État et le commerce du Royaume retiraient de la Franchise de Dunkerque pendant la paix, découlaient de ceux que la franchise procurait aux négocians de cette ville.

Pour en présenter le développement, nous ne remonterons pas aux premiers efforts de Dunkerque pour créer et augmenter progressivement ses moyens commerciaux ; les gradations et les vicissitudes de son commerce ne sont pas nécessaires à l'examen de la question qui nous occupe ; il suffit pour juger de ce que l'on doit attendre du rétablissement de sa Franchise, de voir ce que cette ville a fait, ce qu'elle a été, ce qu'elle a produit, lorsque, jouissant paisiblement et sans réserve de la plénitude de ses moyens après la guerre d'Amérique, elle a pu donner à ses spéculations toute l'étendue dont la Franchise les rendait susceptibles.

Examinons successivement chacune des branches de ce commerce.

PÊCHE. — La pêche est un des objets de l'industrie nationale,
les plus dignes d'attirer l'attention du Gouvernement.

La pêche va chercher au fond de la mer, et en extrait des richesses, qui, sans elle, eussent été perdues. Comme l'agriculture,
elle crée, en quelque sorte, les produits qu'elle obtient.

La pêche forme les matelots ; c'est de cette école que sortent les
bons marins, les meilleurs pilotes côtiers, si utiles et dans la paix
et dans la guerre.

La pêche entretenait à Dunkerque plus de trois mille cinq cents
matelots.

La Hollande était anciennement seule en possession de la pêche
de la morue sur la côte d'Islande ; elle fournissait à nos besoins en
ce genre, et tirait annuellement de la France un numéraire considérable. Les armateurs de Dunkerque se livrèrent à cette pêche
et parvinrent à rivaliser les Hollandais dans la manière d'en saler
et préparer les produits. Leur industrie à cet égard, et l'abondance de leurs pêches à Islande, à Terre-Neuve, à Hitland et au
Dogre-Banc, avaient rendu la France indépendante des Hollandais, et Dunkerque approvisionnait de cette denrée les provinces
voisines et la capitale. Les Négocians de Calais et de Boulogne
n'ont jamais tenté cette importante et difficile spéculation.

Parmi cette foule de matelots que la Franchise de Dunkerque et
l'exemption des classes y attiraient, on remarquait, surtout, les
quakers du Nantuket, qui avaient établi à Dunkerque la pêche de
la baleine et du cachalot. Dès lors, les huiles, les fanons, les
spermacetis étaient devenus, pour la France, des produits natio-
naux, et cette pêche, non seulement avait fait cesser une exportation de plus de quatre millions que l'étranger tirait de nous, mais
avait fini par donner même un superflu dont l'exportation faisait

rentrer huit à neuf cent mille francs. Louis XVI avait encouragé ces armemens par de fortes primes.

Dunkerque, en 1790, a employé cinquante quatre bâtimens pour la pêche de la baleine ; quatre-vingt dix pour la pêche de la morue ; soixante-dix pour celle du hareng , et une foule de petits bâtimens , pour la pêche du poisson frais.

Les produits de ces pêches se sont élevés, cette année , aux sommes ci-après :

	fr.
La baleine et le cachalot	4,000,000
La morue d'Islande	750,000
Celle de Terre-Neuve.	55,000
Celle d'Hitland et du Dogre-Banc	65,000
Celle du hareng blanc à Yarmouth	370,000
Celle du hareng pec à Hitland	65,000
Celle du poisson frais.	300,000
Total en 1790.	5,605,000

Que devenaient annuellement les immenses produits de la pêche ?

Les équipages y prenaient d'abord la part qui leur appartenait d'après les règlemens que l'amirauté faisait tous les ans.

Ils s'appliquaient ensuite aux frais de construction , de grée-ment , d'avitaillement , et en un mot , à toutes les dépenses , de toute nature , que les armemens avaient exigées.

Le reste était le bénéfice des armateurs.

Et comme les armemens se faisaient à Dunkerque , il était de fait que , si l'on excepte la valeur presque nulle du sel nécessaire à la préparation des morues , sel qu'il fallait tirer de l'étranger , tout était fait et fourni par des Français ; et des Français , seuls , en profitaient.

On nous opposera , peut-être, que le négociant peut, sans Franchise , se livrer à la pêche.

Il le peut ; c'est-à-dire , que la pêche lui est permise ; c'est-à-dire , qu'il a le droit d'en faire l'objet de ses spéculations ; mais le droit de faire une chose en donne-t-il les moyens ?

Des armemens tels que l'étaient ceux de 1790 , dont nous venons de présenter les produits , exigent des mises de fonds considérables que l'on ne peut espérer , si les armateurs n'ont , à côté de ces entreprises , d'autres grandes spéculations qui , vivifiées les unes par les autres , et toutes par la Franchise, les mettent à même de fournir à d'aussi fortes avances.

Ainsi les grandes expéditions pour la pêche ne peuvent renaître qu'avec la Franchise.

SELS. — Dunkerque tirait annuellement des marais salans de France environ dix mille muids de sel.

La plus grande partie était employée par les raffineries de la Flandre française et de l'Artois.

Une autre partie l'était , à Dunkerque même , pour la salaison du hareng.

Le reste s'exportait dans le Nord.

VINS. — Dunkerque tirait annuellement quatre à cinq mille tonneaux de vins de Bordeaux , et trois à quatre cents tonneaux de vins d'Espagne et des Canaries.

Une partie restait dans la ville pour sa consommation et ses armemens ; une autre s'importait dans la Flandre française , l'Artois , le Hainaut , le Cambrésis et autres provinces de l'intérieur. Il s'en vendait pour les Pays-Bas autrichiens ; on en expédiait pour l'Angleterre , l'Irlande et l'Ecosse , par les *smoggleurs* (fraudeurs anglais), et plus de six cents tonneaux entraient dans la formation de nos cargaisons pour les colonies.

L'exportation à l'étranger d'une forte partie de ces vins était favorable à la France dans la balance du commerce.

EAUX-DE-VIE. — Cette branche du commerce de Dunkerque était importante. Il y arrivait annuellement, tant de l'intérieur que du dehors, environ 12,000 pipes d'eaux-de-vie, dont plus des deux tiers était exporté en Angleterre, dans les Pays-Bas autrichiens et dans le Nord.

Et il faut remarquer que les eaux-de-vie de France étant les meilleures et par conséquent les plus recherchées, les fabricans français étaient sûrs d'y trouver le débouché de tout ce qu'ils pouvaient y envoyer.

Les habitans de Dunkerque avaient d'ailleurs cet avantage, que les eaux-de-vie qu'ils exportaient en Angleterre y étaient admises comme eaux-de-vie de Flandres par exception à la prohibition générale et moyennant un droit.

Les eaux-de-vie étrangères, dites basses eaux-de-vie, n'ayant pas le degré de force requis pour y être également admises, étaient introduites en fraude par les *smoggleurs*.

Enfin, il se faisait des échanges de ces diverses eaux-de-vie contre des marchandises du Nord.

Il convenait aux *smoggleurs* qui venaient prendre des eaux-de-vie à Dunkerque, de prendre en même tems des genièvres pour former l'assortiment de leurs cargaisons. Les Hollandais étaient seuls autrefois en possession de fabriquer cette liqueur. Les Dunkerquois, toujours attentifs à naturaliser chez eux l'industrie étrangère, s'emparèrent encore de celle-ci. Une grande et belle genièvrerie s'éleva à Dunkerque, et ses genièvres, équivalant en qualité ceux de Hollande, les remplacèrent dès lors. Louis XVI encouragea cet établissement ; il lui accorda le privilége exclusif de cette fabrication, avec le titre de Genièvrerie Royale.

On aurait tort de penser que la vente des eaux-de-vie de genièvre fut préjudiciable à celle des eaux-de-vie de vin ; les unes et les autres se vendaient par assortiment. Le *smoggleur* qui n'aurait pas trouvé de genièvre à Dunkerque, n'y aurait pas pris des eaux-de-vie en remplacement ; il aurait cessé de venir dans un port où il ne pouvait pas s'assortir ; aussi faisait-on auparavant venir du genièvre de Hollande. C'est ainsi que dans un port franc, une marchandise en fait vendre une autre ; c'est ainsi qu'une marchandise prohibée, qui fait assortiment avec une production nationale, contribue souvent à faire vendre celle-ci.

Au surplus, lorsque la rareté des grains exigeait qu'on en diminuât la consommation, la genièvrerie de Dunkerque faisait venir du dehors ceux qu'elle employait à ses distillations.

Les Antagonistes des ports francs nous diront sans doute encore ici que toutes ces opérations en sels, en vins, en eaux-de-vie peuvent se faire sans franchise. Nous leur répondrons comme nous l'avons fait à l'égard de la pêche ; nous leur dirons qu'il ne suffit pas qu'une chose soit permise pour qu'il soit possible de la faire ; qu'il faut de grands moyens d'argent pour d'aussi grandes opérations, et que faute de ces moyens, que la Franchise seule procurait au commerce, il ne peut s'exercer que faiblement sur ces différentes branches de spéculation. Les ports de Calais, de Boulogne, de St.-Valery, de Dieppe et de Fécamp en présentent la preuve.

Nous ajouterons qu'en supposant aux négocians de Dunkerque des facultés suffisantes pour se procurer ces denrées en même quantité qu'autrefois, ils se garderaient bien de le faire, parce que la plus forte partie des sels, des vins et des eaux-de-vie, se vendant à l'étranger, et l'étranger ne venant plus au port, faute de Franchise, ils courraient le risque de voir ces articles rester invendus dans leurs magasins.

Et c'est ainsi que le défaut de Franchise tue le commerce, même dans celles de ses parties qu'il est permis de faire sans Franchise.

TABACS. — Cette branche de commerce était autrefois du plus haut intérêt.

Dunkerque tirait des tabacs en feuilles de l'Amérique septentrionale. Soixante fabriques au moins existantes dans la ville, les consommaient en y mêlant un tiers de tabac indigène. Les eaux de Dunkerque, particulièrement propres à cette manipulation, étaient un des élémens de la bonne qualité des tabacs ainsi fabriqués. Leur réputation s'était étendue partout. L'Angleterre en tirait beaucoup pour elle-même ; la Hollande en tirait plus encore, et après les avoir fait remonter le Rhin, en fournissait tous les États de l'Empire, la Suisse, Genève et l'Italie. L'Amérique elle-même, après nous avoir fourni la denrée brute, la reprenait fabriquée. Il s'en exportait ainsi annuellement pour la valeur de dix millions.

Six mille ouvriers environ de tout sexe et de tout âge, employés à cette importante fabrication, se procuraient par elle des moyens d'existence. Les tabacs indigènes y trouvaient un écoulement ; leur culture était encouragée, et la balance du commerce s'augmentait, en faveur de l'État, de toute la valeur des tabacs indigènes employés, et de celle de la main-d'œuvre pour la fabrication totale, puisque le tout s'exportait à l'étranger.

PRODUCTIONS INDUSTRIELLES. — La nomenclature des productions industrielles qui faisaient l'objet des spéculations du Commerce de Dunkerque, n'est autre que la nomenclature générale des produits de toutes les fabriques ou manufactures du Royaume. Ces produits y affluaient de toutes parts.

Les canaux de Saint-Omer et de Bergues concouraient avec le roulage pour y apporter ceux des manufactures des provinces de Flandre et d'Artois, du Hainaut et du Cambresis. C'est à Dunkerque que les marchands et fabricans de toiles, de linons, de batistes, de dentelles blanches et noires, étaient sûrs de trouver l'écoulement de tout le superflu de la consommation de leurs contrées ; nos draps y arrivaient également ; Lyon y en-

6

voyait ses soieries, Grenoble ses gants, Paris ses merceries, ses parfumeries, ses bijouteries et tous ses objets de luxe, etc. etc.

Le grand cabotage de Dunkerque en fournissait Marseille, Cette, et les autres ports de la Méditerranée; il en rapportait, en retour, les productions industrielles des provinces du Midi ainsi que les marchandises du Levant qu'il prenait à Marseille. Seize à vingt navires du port de 200 à 250 tonneaux et de 12 à 15 hommes d'équipage, appartenant aux armateurs de Dunkerque, étaient constamment employés à ces échanges de Province à Province.

Le petit cabotage établissait la même correspondance pour toute la côte de l'Océan jusqu'à Baïonne, avec 180 à 200 bâtimens de 100 à 150 tonneaux et de 5 à 10 hommes d'équipage, dont quatre-vingts au moins appartenaient aussi aux armateurs de Dunkerque. Chaque bâtiment faisait ordinairement deux à trois voyages par an.

Et ce même service, pour les côtes de la Manche jusqu'à Rouen, se faisait par une vingtaine de bélandres, dont le port était de 40 à 60 tonneaux, et qui allaient et venaient sans cesse.

Ce cabotage, aussi étendu qu'actif, avait d'abord l'avantage de servir les besoins de toute la France; et Dunkerque qui, par ces mêmes opérations, s'approvisionnait des produits de l'industrie de toutes nos provinces, les répandait ensuite, comme on va le voir, dans le monde entier, et présentait ainsi à nos manufactures un écoulement pour tout ce qu'elles fabriquaient et auraient pu fabriquer.

COLONIES. — Le principal débouché de cet immense approvisionnement était nos Colonies. Quarante à cinquante navires, de 200 à 400 tonneaux et de 15 à 50 hommes d'équipage, appartenant aux armateurs de Dunkerque, y transportaient les productions de la Métropole et en rapportaient du sucre, du café, du cacao, des cotons, de l'indigo , et autres objets qui, tous à l'arrivée, *payaient les droits d'entrée, comme dans les autres ports.*

Quelques expéditions se faisaient aussi pour les Indes et pour la côte d'Afrique.

Un quart environ des denrées coloniales se consommait dans l'intérieur du royaume ; les trois autres quarts s'exportaient à l'étranger ; ils étaient, avec nos productions industrielles, l'aliment de nos échanges avec le Nord , et mettaient un poids énorme dans la balance du commerce en faveur de la France.

La position actuelle des Colonies françaises ne permettrait pas , quant à présent, cette même spéculation ; mais l'espoir de la réaliser un jour, de nouveau , serait-il donc perdu ? Nous nous plaisons à croire qu'il ne l'est pas , et les institutions politiques-commerciales doivent avoir en vue l'avenir.

D'ailleurs, et en attendant des momens plus heureux , la masse de nos productions, qui s'écoulait dans nos Colonies, s'écoulera chez l'étranger dont les besoins se sont accrus par les privations qu'une longue guerre lui a fait éprouver. Notre commerce fera de moins le bénéfice que procurait le premier échange de ces productions contre des denrées coloniales ; mais leur échange direct contre les productions étrangères , ne laissera pas que de procurer des avantages de la plus haute importance.

COMMERCE ÉTRANGER. — Ce titre, en le généralisant, aurait embrassé la presque totalité du commerce de Dunkerque, car si l'on en excepte la pêche , dont la consommation entière se faisait en France , la majeure partie des marchandises , qui en sont l'objet, s'exporte à l'étranger ; mais nous entendons parler spécialement ici du commerce des denrées et des productions de toute nature que les diverses nations amenaient à Dunkerque et y échangeaient, soit avec les marchandises françaises ou coloniales, soit avec d'autres marchandises étrangères qu'ils y trouvaient.

C'est ainsi que des bois de constructions, des mâtures, des toiles à voiles et des cordages; que des brais, des merrains et des goudrons; que de l'étain, du plomb, du cuivre, du fer-blanc; que des cuirs verts, des potasses, des graines de lin à semence, des épiceries et drogueries, des bois et des drogueries de teinture; qu'enfin mille autres productions du Nord, toutes nécessaires ou au moins utiles à notre marine, à nos manufactures, à l'agriculture, aux arts, arrivaient en abondance à Dunkerque, des ports de l'Angleterre, de la Hollande, de Hambourg, du Danemarck et de la Suède. 3718 Navires, ainsi chargés, sont entrés dans le port de Dunkerque de 1789 à 1791.

Il est facile d'apprécier l'étendue et les avantages qui résultaient des immenses opérations commerciales auxquelles donnaient lieu des importations aussi considérables.

C'est par le retour de ces nombreux vaisseaux, que les productions industrielles de nos fabriques, affluant à Dunkerque, comme nous l'avons dit, par le cabotage et par les canaux de l'intérieur, ou par d'autres moyens de transport; que nos vins, nos eaux-de-vie, nos tabacs; que nos denrées coloniales enfin, trouvaient un écoulement assuré, et qu'une carrière sans bornes était ouverte au commerce et à l'industrie des Français.

Si l'on considère d'ailleurs la nature des marchandises qui faisaient de part et d'autre l'objet de ces échanges; si l'on considère que la plupart des marchandises du Nord sont de grand encombrement et de peu de valeur; que les nôtres au contraire sont plus précieuses et de moindre volume, on se convaincra facilement de la plus-value considérable des retours, et du nouveau poids qu'elle apportait dans la balance du commerce.

Enfin ce qui restait de ces marchandises du Nord, après l'approvisionnement de la France et de ses Colonies, faisait l'objet.

de nouveaux échanges avec d'autres nations et produisait de nouveaux bénéfices.

Faut-il maintenant répondre à cette idée, qu'une ville franche ne
ferait que prêter son port à l'étranger, et qu'elle ne serait en quelque sorte que spectatrice de son commerce?

Quelquefois sans doute, et dans cette masse d'opérations dont
nous venons de parler, il arrive que quelques échanges se font
d'étranger à étranger, et de marchandises étrangères contre des
marchandises étrangères; mais ces opérations, qui laissent toujours
des bénéfices aux lieux où elles se font, contribuent encore à la
fréquentation et par conséquent à la prospérité du port franc, en
ce que c'est la certitude d'y trouver et de pouvoir y prendre tout
ce que l'on veut qui y attire les nations.

Il est évident, au surplus, et le commerce dont nous venons de
présenter les détails le prouve, que la masse des opérations commerciales que l'étranger vient faire dans un port franc, a pour
premier objet d'y prendre les productions naturelles ou industrielles du pays.

On a vu d'un autre côté que les habitans de Dunkerque, presque
tous armateurs ou négocians, faisaient pour leur propre compte une
grande partie du commerce de leur port, que leurs vaisseaux figu-
raient avantageusement dans cette active et perpétuelle navigation;
que le commerce national se trouvait ainsi lié et fondu dans les vas-
tes spéculations que présentait le concours du commerce étranger,
et qu'en résultat le port de Dunkerque était un marché général ou
notre agriculture, nos fabriques, nos arts venaient, par l'intermé-
diaire du commerce, vendre leurs produits au monde entier.

Tel est le tableau que présentait le commerce de Dunkerque
avec l'étranger, lorsque cette ville jouissait de sa Franchise.

COMMERCE INTERLOPE. — Ce commerce, qui fait partie
intégrante du commerce avec l'étranger, est celui que Dunkerque

faisait avec l'Angleterre , par le moyen des fraudeurs anglais, dits *Smoggleurs*. Un mot suffit pour en faire apercevoir les immenses avantages.

Une foule de petits bateaux montés par ces fraudeurs , allant et venant sans cesse , et faisant la traversée en moins d'un jour et souvent dans l'espace de quelques heures , venait prendre à Dunkerque des objets dont l'entrée était ou prohibée en Angleterre , ou soumise à de forts droits.

Tout était bénéfice pour la France dans ce commerce ; elle vendait , elle n'achetait pas. L'or était l'objet d'échange que les *Smoggleurs* nous laissaient, et les nombreuses guinées qui se refondaient autrefois à la monnaie de Lille , et qui n'étaient cependant qu'une portion de celles qui nous arrivaient, attestent cette vérité.

Il existe, d'ailleurs, dans les archives du ministère de l'intérieur des tableaux qui pourront faire connaître au Gouvernement l'étendue des produits de ce commerce ; nous nous bornerons à citer ici celui des exportations faites par ce moyen dans le seul mois de janvier 1778 , époque à laquelle la Franchise était en pleine et libre activité.

On y voit que la valeur de ces exportations *en marchandises françaises* a été de 2,989,437 livres , et qu'elle a été en marchandises étrangères de 1,366,965 livres.

C'est donc une somme de 4,356,402 livres qui est entrée , en or , en France , dans le cours d'un seul mois , et cette même valeur en marchandises est entrée en Angleterre sans payer de droits.

Par suite de cette même opération , des marchandises françaises pour près de trois millions , en un seul mois , ont été mises dans le commerce en Angleterre , en concurrence avec les marchandises de fabrication anglaise.

Le commerce interlope avait donc le triple avantage de procurer un débouché à nos manufactures , de faire entrer en France une immense quantité de numéraire et de nuire tout à la fois au commerce et aux douanes de l'Angleterre.

Le *Smoggleur* aborde d'ailleurs de préférence dans un port franc, parce que ce n'est que là qu'il peut trouver à l'instant l'assortiment dont il veut former sa cargaison.

Nous pouvons ajouter enfin que le port de Dunkerque présentant aux *smoggleurs* la facilité de faire la traversée en peu d'heures, diminue considérablement pour eux les dangers de leurs opérations et les y attire ; en sorte que ce n'est réellement qu'à Dunkerque, et à raison de cette réunion d'avantages et de facilités que la Franchise y présente, que le commerce interlope est susceptible de donner les immenses produits dont il enrichissait autrefois la France.

Résultats pendant la guerre.

COURSE. — La Franchise de Dunkerque donnait aux négocians de cette ville les moyens de rendre à l'Etat les services les plus éminens pendant la guerre. Leurs nombreux vaisseaux étaient bientôt remplacés par de nombreux corsaires ; leurs matelots devenaient d'intrépides marins. Les coups qu'ils portaient à l'ennemi étaient d'autant plus sûrs qu'ils étaient plus rapides ; les gréemens, les approvisionnemens, les équipages étaient sous leur main ; tout était prêt, et à la navigation paisible du Commerce succédait immédiatement la course la plus active.

Les comptes de l'Amirauté peuvent faire connaître les résultats prodigieux de cette guerre auxiliaire. En voici le relevé depuis l'acquisition que Louis XIV a faite de la ville de Dunkerque.

Dans la guerre de 1666 et 1667, les corsaires de Dunkerque ont enlevé à l'ennemi un grand nombre de bâtimens dont la valeur a été estimée à . . . .   fr. 5,500,000

Dans la guerre dite de la ligue d'Ausbourg, de

De l'autre part. . . . . . 5,500,000 fr.

1688 à 1697, les prises emmenées dans le port produisirent 22,167,000

Dans la guerre de la succession d'Espagne, com-
mencée en 1702, et qui dura près de onze ans,
la vente de 1614 prises s'éleva à 30,500,000

Dans la guerre de 1744 à 1748, le produit des
courses fut estimé à 12,000,000

Dans la guerre dite de sept ans, qui commença en
1755, Dunkerque arma 87 corsaires qui conduisirent
dans son port 691 prises dont la vente produisit . . 15,363,122

Dans la guerre d'Amérique enfin, 1200 prises
faites par les corsaires de Dunkerque, de 1778 à
1782, furent estimées valoir au moins 25,000,000

TOTAL. 110,530,122

A ce produit il faut ajouter celui des rançons que les corsaires de Dunkerque retiraient des prises qu'ils ne pouvaient
emmener. Ces rançons, dans la guerre d'Amérique seule, se sont
élevées à la somme de 315,820 guinées faisant 7,579,680 livres de
France. C'est encore ce que constatent les comptes de l'Amirauté.

Ces immenses bénéfices ont causé à l'ennemi une perte qu'on
doit au moins estimer au double, car la vente d'une prise ne peut
jamais produire que moitié de ce qu'elle a coûté à ses armateurs.

On ne révoquera sûrement pas en doute que ce ne soit à la
Franchise de Dunkerque qu'étaient dus ces grands et utiles résultats, puisque c'était à cette Franchise que les Dunkerquois devaient
eux-mêmes leurs nombreux approvisionnemens, leurs nombreux
matelots et tous les élémens, en un mot, de cette course à laquelle
leur industrie et leur activité savaient donner de si heureux et de si
prompts effets.

Mais arrêtons-nous un moment sur cet important objet, et

pénétrons-nous bien de cette vérité, que ce n'est qu'à Dunkerque
que l'on peut donner à la course de si prodigieux développemens; que ce n'est qu'à Dunkerque que la course peut obtenir de
si prodigieux succès.

Quelques observations sur la position de Dunkerque et sur le
commerce anglais vont le démontrer.

L'exploitation du commerce de l'Angleterre n'est point également répartie dans ses ports, et l'on sait que le port de Londres, seul, fait les deux tiers ou les six neuvièmes de ce commerce. Un neuvième se fait par les ports de la mer du Nord,
ou, si l'on veut, par les ports de l'Écosse ; un autre neuvième
par les ports de la Manche, et le dernier neuvième par les
ports de l'Irlande.

C'est donc le commerce de Londres qu'il faut attaquer, si
l'on veut frapper au cœur le commerce de l'Angleterre, et le
port de Dunkerque est signalé par la Nature comme le seul
d'où nos coups puissent utilement partir.

Dunkerque n'est qu'à vingt lieues du point où les navires
du port de Londres quittent les eaux de la Tamise ; une tour,
célèbre dans l'histoire, surveille toute cette étendue de mer,
et le vent d'est, qui conduit les vaisseaux anglais dans la Manche,
porte les corsaires de Dunkerque à leur rencontre.

La proximité de l'Angleterre donne d'ailleurs aux Dunkerquois les moyens d'être constamment informés de tous les mouvemens qui se font sur ses côtes ; l'expérience de toutes les
guerres a prouvé que, dans cette position, rien ne pouvait
échapper à la vigilante activité de leurs corsaires, et les aveux
réitérés de l'Angleterre sur cette position redoutable, dispensent
d'ailleurs de toute preuve.

Quel autre port pourrait présenter les mêmes avantages ?

Serait-ce le port d'Ostende ? Il ne nous appartient pas, et
il ne pourrait d'ailleurs remplir le but proposé.

7

Ostende, situé à dix lieues à l'est de Dunkerque, s'éloigne d'autant des côtes de l'Angleterre, et est, par cela même, moins à portée d'en observer les mouvemens. Ses corsaires ne pourraient, comme ceux de Dunkerque, guêter et saisir leur proie à l'entrée du Pas-de-Calais.

Ostende privé de rade, ne présente point d'abri pour les vaisseaux qui étant battus par la tempête et affâlés sur la côte, doivent entrer au port ou périr.

Le port d'Ostende n'est pas d'ailleurs susceptible de défense. L'ennemi viendrait brûler ses corsaires dans son port.

Le port de Calais est, comme celui d'Ostende, sans rade et sans défense.

Boulogne est également dépourvu de rade, il n'a jamais été et ne pourrait jamais être, comme Dunkerque, à l'abri d'un bombardement. Il n'y reste, d'ailleurs, de tant de travaux immenses, que le regret d'y avoir inutilement engouffré des millions, et Boulogne, sous le rapport de l'objet qui nous occupe, n'est pas même à l'égal d'Ostende et de Calais.

Si l'on se porte au-delà de Boulogne, on ne trouve plus cette position privilégiée de Dunkerque, où la mer resserrée par les côtes, n'offre aux vaisseaux qui sortent de la Tamise et des ports de l'Ecosse, qu'un étroit passage où les corsaires de Dunkerque les attendent et peuvent marcher à leur rencontre avec autant de certitude de succès, que de rapidité.

Rappelons-nous toujours bien, enfin, que ce n'est pas de sa seule position à l'entrée du Pas-de-Calais que Dunkerque tire sa force, mais qu'il la tire principalement de cette rade, toute particulière, que la nature lui a donnée.

L'opinion des Anglais sur ce point s'est bien formellement manifestée lors du Traité de la triple alliance.

Ils ne voulaient pas que les ports de Dunkerque et de Mardick pussent être remplacés par aucun autre; mais pour cela ils se bornaient à demander qu'il ne put en être créé de nouveaux *à la distance de deux lieues de chacune de ces places.*

C'était donc la rade de Dunkerque qui excitait surtout les craintes, la jalousie et les alarmes de l'Angleterre. Au-delà des limites de cette rade, aucun port existant, aucun port à créer n'avait à ses yeux d'importance.

Cette position de Dunkerque, au surplus, si redoutable au commerce anglais, ne l'est pas moins pour celui de la Hollande et de toutes les puissances du Nord, dont les vaisseaux (s'ils ne veulent faire l'immense détour des mers britanniques), ne peuvent entrer dans l'Océan qu'en passant devant Dunkerque.

RECRUTEMENT. — Les avantages de la Franchise s'étendaient aussi sur le recrutement des armées navales.

Cette pépinière de matelots, que l'on trouvait dans tous les tems à Dunkerque, n'était pas entièrement employée à la course, lorsque la guerre éclatait. L'Etat s'y pourvoyait aussi des hommes dont il avait besoin, et toujours Dunkerque fournissait abondamment le contingent qui lui était demandé.

L'exemption du classement de la marine accordée, en 1759, aux matelots de Dunkerque, n'avait rien changé à cet égard, ou, pour parler plus juste, il avait changé et amélioré l'état des choses en ce qui concernait le recrutement des hommes de mer.

Cette exemption, accordée à tout marin *français ou étranger* qui venait se fixer à Dunkerque, les y attirait de toutes parts ; la certitude d'y être libres et exempts de tout service militaire forcé, les flattait et leur nombre s'accroissait chaque jour.

Mais le Gouvernement avait-il besoin de marins ? Le Ministre le faisait connaître. Aussitôt un drapeau flottait à la porte du lieu où l'on recevait des enrôlemens volontaires. La ville accordait une double solde aux enrôlés, prenait soin de leur famille en leur absence, secourait les veuves et les enfans, si l'homme péris-

sait. Le recrutement se faisait ainsi avec autant de facilité que
d'activité , et il se complettait en hommes de tous grades , à la
satisfaction de tous.

Les marins que le Gouvernement trouvait ainsi à Dunkerque ,
étaient surtout précieux par l'expérience et l'intrépidité qui les
distinguait.

Employés sans cesse au cabotage et à la pêche , au milieu des
écueils et des bancs que les côtes et surtout celles du Nord présentent et qu'il faut sans cesse éviter, toutes les manœuvres leur étaient
familières ; aucun danger ne les effrayait. C'est de leur sein que
nous avons vu sortir tant de marins célèbres qui ont honoré
Dunkerque et la France. Jean-Bart fut d'abord un simple pêcheur.
C'est encore de cette classe que sont sortis les amiraux Jacques
Colaert et Mathieu Maes , les vices-amiraux Jacobsen , Dewacken ,
Rombout , Dorne , Pieters , et tant d'autres capitaines qui , s'étant
fait distinguer par leur intelligence et leur audace sur les corsaires
de Dunkerque , ont été appelés au commandement des vaisseaux
de l'État ou décorés de l'épée du Roi.

Que de faits glorieux ne pourrions-nous pas ici rappeler en
l'honneur des marins formés à Dunkerque , si nous voulions
copier ces pages brillantes dans lesquelles l'histoire les a con-
sacrés ; si nous rappelions l'héroïque et infatigable constance
avec laquelle les Dunkerquois , restés fidèles à leur Souverain, lut-
taient contre la Hollande devenue si formidable dans le cours de
la guerre qu'elle soutint pendant plus de quatre-vingts ans pour
conquérir son indépendance ; si nous montrions ces Hollandais ,
victorieux dans les mers qui baignent l'Espagne et dans l'Inde ,
faire de vains efforts contre Dunkerque et n'en retirer pour fruit
que des défaites et des humiliations ; si nous rappelions l'audace
avec laquelle les Dunkerquois se portèrent au-devant des forces
réunies pour bombarder leur ville en 1694 et 1695 ; si nous
rappelions ces innombrables traits d'une bravoure froide et tran-

quille qui les faisait aborder un ennemi supérieur en force, le combattre, le vaincre, et se montrant ainsi, dans toutes les guerres, de plus en plus dignes de leur ancienne célébrité, justifier en même tems et la confiance qu'ils obtenaient de nos Rois, et la terreur qu'ils inspiraient à l'ennemi. Mais une matière si féconde nous entraînerait hors des bornes que nous devons nous prescrire dans ce Mémoire.

PILOTAGE. — Parmi les avantages que l'État et le commerce en général retiraient de la Franchise de Dunkerque, il faut compter encore une institution qui lui devait son existence, et qui, chaque jour, rendait les plus importans services à la marine marchande et à la marine militaire.

Dans tous les ports il existe des pilotes qui servent de guide aux vaisseaux qui approchent de la côte ou vont leur porter les secours que leur état et les dangers de la mer peuvent exiger; partout l'existence de ces pilotes est regardée comme un bienfait.

Les négocians de Dunkerque, guidés par l'intérêt puissant qu'ils avaient à garantir, de tous dangers, leurs vaisseaux et ceux des nations qui venaient trafiquer dans leur port, n'avaient pas cru devoir se borner à encourager le pilotage; ils en avaient fait une institution, unique en Europe, et qui était l'objet de la reconnaissance des navigateurs.

Le pilotage, d'après un règlement fait par l'amirauté, formait une corporation composée d'un nombre déterminé de sujets les plus expérimentés dans la connaissance des bancs et des écueils dont les côtes de la Manche, le Pas-de-Calais, les rades de la Flandre et les mers du nord, sont remplies.

La corporation était divisée en deux brigades, dont l'une faisait le service à terre, l'autre à la mer, et qui se relevaient tous les quinze jours.

Deux corvettes, solidement construites et bien entretenues, étaient employées exclusivement à ce service.

Une des deux corvettes était constamment en rade, dans toutes les saisons et par toutes sortes de tems ; elle était munie d'ancres, de câbles, de cordages de toutes dimensions, et de toute espèce de pièces de rechange.

A chaque marée, cette corvette se dirigeait de la rade au vent du port, afin d'offrir des pilotes aux capitaines des navires qu'elle appercevait. Elle procurait des secours à ceux qui se trouvaient en danger dans les bancs et les écueils ; elle les prenait à la remorque et les amenait à bon mouillage, ou les faisait entrer dans le port.

On conçoit quels devaient être les périls d'un service de cette nature, et trop souvent les braves qui s'y dévouaient périssaient victimes de leur courage et de leur humanité. Des pensions, dans ce cas, étaient assignées à leurs veuves, sur la caisse du pilotage.

La corvette de service fournissait encore aux navires de passage qui ne connaissaient pas les mers du nord ou les côtes de France ou d'Angleterre, des pilotes pour les diriger dans ces parages et les conduire même jusqu'à leur destination dans le fond de la Baltique ; elle leur procurait d'ailleurs tous les secours, en approvisionnemens, dont ils avaient besoin.

Tous les objets dont la corvette était fournie à cet effet, étaient soigneusement et fréquemment visités ; tout ce qui se détériorait était remplacé.

La corvette du pilotage faisait au surplus le service de chaloupe de santé, et se conformait aux mesures de prudence et de sûreté prescrites par une ordonnance de l'amirauté.

Enfin le pilotage de Dunkerque était encore éminemment utile aux vaisseaux de l'État, lorsqu'ils se rendaient dans les mers du Nord, soit en escadres, soit isolément, pour aller charger des mâtures, des bois de construction, des chanvres ou d'autres objets nécessaires au service des grands ports militaires,

Cet utile établissement avait été créé et était entretenu au moyen d'une légère rétribution que payaient les navigateurs en raison de la capacité de leurs navires; et la grande quantité de bâtimens que la Franchise attirait à Dunkerque, rendait cette légère rétribution suffisante (1). C'était donc encore à la Franchise qu'étaient dus les bienfaits du pilotage; mais la Franchise a été supprimée, le port est devenu désert, et cette institution utile dans la paix comme dans la guerre, utile aux vaisseaux de l'État comme à ceux du commerce; cette institution admirée, bénie par tous les peuples, a cessé d'exister.

BÉLANDRES. — Une autre institution, en quelque sorte accessoire à celle du pilotage, était celle de la corporation des Bélandriers.

Une centaine de bélandres, d'une construction particulière, qui les rendait également propres, et à la navigation dans les canaux, et à celle de la mer sur les côtes, donnaient aux opérations du commerce de bien importantes facilités. Leur port était de quarante à soixante tonneaux.

Il arrivait fréquemment que pour profiter d'un bon vent ou d'une marée favorable, des vaisseaux sortaient du port sans avoir pu prendre la totalité de leurs chargemens; on les faisait, dans ce cas, completter en rade à l'aide des Bélandres.

Les Bélandres servaient aussi d'allèges aux vaisseaux arrivant, lorsque leur état exigeait qu'ils débarquâssent une partie de leur cargaison pour pouvoir entrer au port; elles aidaient à réparer les avaries de ceux que les pilotes ramenaient à la remorque, dans la rade, après une tempête.

---

(1) A l'époque de la révolution, les magasins du pilotage étaient abondamment pourvus d'approvisionnemens, et il y avait 80,000 livres en caisse pour faire face aux événemens imprévus.

Enfin leur faible tirant d'eau, leur permettant de longer la côte tout près de terre, elles rendaient à l'État les services les plus importans, pendant la guerre, en faisant de port en port les voiturages nécessaires, soit en artillerie, soit en munitions, soit en approvisionnemens de toute espèce.

Mais c'était encore à la Franchise qu'étaient dus les moyens par lesquels cet établissement était soutenu, et comme le pilotage, il a cessé avec elle.

MARINE ROYALE. — La Franchise de Dunkerque, utile à la marine royale par la guerre auxiliaire de la course, et par les recrutemens précieux de bons marins qu'il était si facile de faire dans cette foule de matelots qu'elle entretenait ; cette Franchise, utile encore par les secours de toute nature que son pilotage procurait, et par le service des bélandres sur les côtes, ne servait pas moins efficacement l'État, sous le rapport des approvisionnemens.

Dans tous les tems l'administration de la marine était sûre de trouver à Dunkerque les mâtures . les bois, les chanvres, les fers en barre, les brais, les goudrons, les suifs, les toiles à voiles, en un mot, tous les objets dont elle pouvait avoir besoin ; elle y avait recours lorsque l'urgence des événemens l'exigeait, ou lorsque le Sund, fermé par les glaces ou par la guerre, ne permettait pas d'aller chercher ces approvisionnemens dans le Nord.

Que l'on consulte les registres de la marine, et l'on y verra que dans toutes les guerres, que nous avons ci-dessus rappelées, l'État a trouvé dans les magasins de Dunkerque les plus puissans secours en ce genre.

Au commencement même de la guerre de la révolution, en 1792, Dunkerque a encore été éminemment utile à l'État, sous ce rapport ; mais sa Franchise a été supprimée, et avec elle a disparu cette inappréciable ressource.

Elle a disparu , parce que la course , réduite à presque rien
par la privation des moyens que la Franchise lui procurait ,
n'amenait plus dans le port ces innombrables prises chargées
de toute espèce d'approvisionnemens , et qui , dans la guerre ,
suppléaient à ceux que la Franchise du commerce y entretenait constamment pendant la paix.

Qu'il nous soit permis de dire un mot ici des opérations maritimes purement militaires.

On connaît les avantages de la position de Dunkerque à cet
égard ; les bancs qui en couvrent la rade et le port , les rendent
inexpugnables , et leur blocus est en quelque sorte impossible.

On a vu Jean-Bart en sortir le 12 mai 1696 , malgré vingt-
deux vaisseaux mouillés hors des bancs pour lui disputer le
passage , et après son expédition , qui avait eu pour but de
détruire , comme il le fit , la pêche de la Hollande , on l'a vu
échapper encore par des passes inconnues à l'ennemi et rendre
inutile la croisière de trente-trois vaisseaux destinés à l'empêcher de rentrer au port.

L'Espagne , comme nous avons eu déjà occasion de le dire ,
sut profiter de cette position heureuse pour les plus grandes entreprises maritimes qu'elle fit pendant la guerre de 80 ans.

De même Louis XIV , dans les guerres de la ligue d'Ausbourg
et de la succession d'Espagne a fait de Dunkerque le point de
départ de toutes les expéditions dans lesquelles les Bart , les
Saint-Pol et les Forbin acquirent tant de gloire.

Le port de Dunkerque a été d'ailleurs , dans tous les tems , un
lieu de secours ou de repos nécessaire aux vaisseaux français des
croisières de l'Océan , lorsque battus par la tempête dans la
Manche , ou chassés par les vaisseaux de Portsmouth ou de
Plymouth , ils se trouvaient dans la nécessité de se porter vers le
Nord. Si dans ces cas , des moyens faciles d'entrer au port de
Dunkerque ne leur eussent point été offerts , ils n'eussent eu pour

8

ressource que de se jeter dans la mer du Nord, de faire le tour des trois Royaumes, et de parcourir six cents lieues de mer pour revenir à leur point de départ.

On pourra nous objecter sans doute que le port de Dunkerque n'est plus aujourd'hui ce qu'il était du tems de Louis XIV; mais on devra convenir aussi que si l'on avait dépensé à Dunkerque la moitié des sommes qui ont été si inutilement employées au port de Boulogne, on eût fait de sa rade un superbe bassin de mouillage équivalent à la rade de Cherbourg, et la Manche serait le boulevard de la France et la terreur de ses ennemis.

Il ne nous appartient pas au surplus de nous immiscer dans les vues que le Gouvernement peut avoir sur Dunkerque; mais nous devons observer que dans l'état même actuel de son port, des frégates du premier rang en sont parties, il y a un an, pour Anvers, et que le 14 du mois d'août dernier, deux semblables frégates en sont parties pour Brest.

Nous devons observer enfin qu'en paix comme en guerre, pour les vaisseaux du Roi comme pour les navires du Commerce, le port de Dunkerque, au moyen du pilotage et de ses bélandres, et par conséquent au moyen de sa Franchise, serait un asyle sûr, un lieu commode de rechange et un point également favorable à l'attaque et à la défense.

Aucun port, nous croyons pouvoir le dire avec orgueil, ne présente à l'Etat des ressources, des produits et des avantages si variés, si nombreux et si importans; et lorsque Dunkerque les voit tous se rattacher plus ou moins immédiatement à sa Franchise, pourrait-il craindre de n'en pas obtenir le rétablissement?

Achevons d'en prouver la nécessité par un coup d'œil sur les effets de la suppression de cette Franchise.

EFFETS DE LA SUPPRESSION
De la Franchise de Dunkerque.

Ce chapitre n'est qu'un corollaire du précédent. La Franchise de Dunkerque faisait sa richesse ; sa suppression ne doit lui laisser que la misère en partage. Son état actuel en est une preuve aussi irrécusable qu'affligeante.

Envain voudrait-on attribuer ses malheurs à la guerre.

Voyons l'exemple des tems antérieurs.

Depuis 1662, époque de l'acquisition de Dunkerque par Louis XIV, jusqu'à 1712, époque à laquelle le port a été détruit pour la première fois, il y a eu vingt-trois à vingt-quatre années de guerre ; c'est néanmoins pendant ce tems que Dunkerque s'est élevé à ce point de prospérité qui provoqua sa ruine.

Mais fixons-nous particulièrement sur une époque de cette période de l'histoire.

On sait qu'en 1690, 1691 et 1692, la ferme générale étant parvenue à porter quelques atteintes à la Franchise de Dunkerque, une décroissance progressive s'était manifestée dans le commerce de cette ville. Les Dunkerquois avaient réclamé ; mais la ferme générale leur avait opposé, comme on voudrait le faire aujourd'hui, l'état de guerre où l'on était alors.

Cependant la paix se fit à Ryswick en 1697, et le commerce de Dunkerque n'en continua pas moins à décroître. En 1700, et *malgré trois années de paix*, qui venaient de s'écouler, il s'appauvrissait encore chaque jour d'une manière qui fixa, comme nous l'avons dit, l'attention de M. Barentin.

La vraie cause du mal n'échappa point aux lumières de ce magistrat, et sur ses représentations, la Franchise de Dunkerque fut rétablie dans toute son étendue. Bientôt le commerce y reprit son essor, et il le reprit *malgré la guerre de la succession* qui s'alluma peu de tems après.

Ainsi l'histoire nous présente le commerce de Dunkerque s'élevant et prospérant *au milieu de la guerre, à l'aide de la Franchise ;* elle nous le présente dépérissant *au milieu de la paix,* parce que *sa Franchise avait été,* non pas détruite, mais *seulement génée par quelques atteintes.*

Voyons maintenant Dunkerque au milieu des vicissitudes qu'il a éprouvées depuis la première destruction de son port en 1712, jusqu'à la guerre de l'Amérique.

Dunkerque toujours frappé, toujours sacrifié, se relevait cependant toujours. Par quel véhicule y parvenait-il ? Quelle cause miraculeuse secondait ses efforts et ramenait l'étranger dans un port devenu incommode et entouré d'écueils, de décombres et de ruines? Quelle cause attirait le commerce des nations dans un simple canal aboutissant à une chétive écluse de seize pieds, éloignée de près d'une lieue de toute habitation? Cette cause est l'attrait tout puissant sur le commerce d'une entière liberté; cette cause est la Franchise.

Qu'on cesse donc d'attribuer à la guerre l'état déplorable de Dunkerque. Oui sans doute la guerre a fait du mal à cette ville : et où n'en fait-elle pas? Mais l'anéantissement absolu de son commerce ; cet anéantissement dans lequel il n'est tombé à aucune époque, parce qu'au milieu de ses malheurs, sa Franchise lui restait toujours ; cet anéantissement est le résultat de la perte de sa Franchise qui seule était le germe de sa prospérité.

Un coup-d'œil rapide sur les diverses branches du commerce, dont nous avons donné les détails, achevera la conviction et fera voir combien l'intérêt de l'Etat est attaché au rétablissement de la Franchise de Dunkerque.

Depuis la suppression de la Franchise, il n'y a plus eu à Dunkerque de pêche de la baleine. Les Nantukois, qui n'avaient été attirés que par la liberté du port et l'exemption des classes, s'en sont retournés, et la France est redevenue tributaire annuelle de quatre millions au moins envers l'étranger.

Il en est à peu près de même de la pêche de la morue. Dunkerque, sans Franchise, ne peut plus donner à cette pêche les mêmes développemens. La Hollande profitera de notre perte à cet égard.

Sans la Franchise que deviennent les six mille ouvriers qu'entretenaient les fabriques de tabac à Dunkerque ? Que deviennent les immenses produits de cette fabrication qui rendait tributaires de notre industrie l'Angleterre, l'Irlande, l'Écosse, la Hollande, l'Allemagne, la Suisse, l'Italie, l'Amérique elle-même ?

Sans la Franchise, verra-t-on encore arriver de toutes parts à Dunkerque cette quantité de vaisseaux qui fournissaient à tous nos besoins, et que la liberté seule y appelait ; notre marine sera privée d'approvisionnemens ; nos manufactures et nos arts perdront un de leurs principaux débouchés et manqueront de l'aliment qu'ils trouvaient dans l'échange de nos produits industriels contre les matières premières dont nous avons besoin.

Sans la Franchise point de commerce interlope, ou diminution presque équivalente. Le défaut d'assortiment éloignera les *smoggleurs*.

Sans la Franchise, cette pépinière de matelots, que Dunkerque entretenait et formait aux manœuvres et aux dangers, n'existe plus ; l'Etat n'y fera plus ces recrutemens qui s'y opéraient avec tant de promptitude et de facilité ; il n'y puisera plus ces marins si justement célèbres, si généralement estimés.

Sans la Franchise, l'institution du pilotage perd la plus grande partie de ses ressources et aura de la peine à se soutenir. La navigation commerçante, la navigation militaire ne trouveront plus à Dunkerque ces secours si précieux en tout genre qui les sauvaient ou de la fureur des tempêtes ou des atteintes de l'ennemi.

Sans la Franchise ; sans cette masse de moyens en approvisionnemens , en marins , en argent dont elle était la source inta-
rissable , les négocians de Dunkerque ne peuvent plus créer ces
nombreux armemens en course qui ont étonné l'Europe , et qui
secondaient si puissamment l'État. La France est privée des
produits qu'elle en recueillait ; de ces produits réparateurs des
pertes de la guerre ; de ces produits régénérateurs de la prospérité
publique au retour de la paix.

Enfin , sans la Franchise le numéraire qu'elle attirait du dehors
ne nous arrive plus ; le nôtre s'écoule chez l'étranger ; et les
nations rivales s'enrichissent de nos pertes.

Tels sont les effets désastreux du déplorable décret rendu par
la Convention le 11 nivôse an 3.

Quel est le remède à tant de maux ? Louis XIV l'a indiqué
dans sa déclaration du 16 février 1700 ; Louis XV , dans l'arrêt
de son conseil , en date du 10 octobre 1716 , dans son édit du
mois d'octobre 1721 ; dans un autre arrêt de son conseil du 13
octobre 1722 , et dans son ordonnance du 16 février 1759 ;
Louis XVI , dans ses lettres-patentes du mois de février 1784.
Ce remède est de rétablir la Franchise de Dunkerque , sans res-
triction , sans entrave ; de la couvrir de cette protection salu-
taire qui en assurait la prospérité ; de la faire renaître enfin telle
que la présente l'édit de création dû à la sagesse de Louis XIV,
et avec les encouragemens que les successeurs de ce Monarque
lui ont successivement accordés aux diverses époques que nous
venons de citer.

Ne nous dissimulons pas surtout l'urgence du moment. La paix
est rendue au monde ; le commerce renaît ; il reprend son cours.
La liberté l'attire dans les ports de la Hollande , dans celui
d'Ostende , dans celui d'Anvers ; gardons-nous de le repousser
plus long-temps , et craignons que bientôt il ne soit plus tems
de le rappeler.

OBJECTIONS.

La paix d'Amiens, conclue avec l'Angleterre en 1802, avait rendu l'espoir au commerce, et l'activité renaissait dans les ports lorsque le Conseil général du département du Nord crut que, pour l'intérêt de ce département et pour celui même de la France, il devait réclamer contre le décret de la Convention du 11 nivôse an 3, et provoquer le rétablissement de la Franchise de Dunkerque.

Cette demande fut donnée en communication au ministre de la Marine et à l'administration générale des Douanes.

Le ministre accueillit et appuya la réclamation.

L'administration des Douanes la combattit et produisit un mémoire dans lequel elle s'éleva contre le système des Franchises.

La ville de Dunkerque, intervenue dans l'affaire, répondit victorieusement au mémoire des Douanes; mais la guerre, qui ne tarda point à se rallumer, fit ajourner ces débats.

Aujourd'hui que Dunkerque renouvelle sa demande, nous croyons devoir réfuter ici les objections proposées dans le tems par l'administration des Douanes.

Nous ne les reprendrons pas cependant dans leurs minutieux détails; il suffira d'en discuter trois dans lesquelles toutes les autres viennent se refondre.

1re. *Objection.*

Dunkerque, au moyen de sa Franchise, a été de
tout tems un foyer de fraude et une source
d'abus.

RÉPONSE. -- La fraude est un inconvénient nécessairement

attaché à l'établissement des droits fiscaux et des prohibitions. Elle est provoquée par l'intérêt individuel ; elle a existé, et existera toujours plus ou moins, partout où elle a eu, ou aura l'occasion de s'exercer. La détruire entièrement est chose impossible ; l'exemple de tous les tems, de tous les lieux, le prouve ; mais la surveillance la plus active doit la poursuivre ; la justice la plus sévère doit la punir ; et si une institution, une localité quelconques la favorisaient, il faudrait réformer cette institution et se prémunir contre cette localité.

La question est donc de savoir si la localité de Dunkerque et si sa Franchise favorisent la fraude.

Dunkerque est une ville fermée ; son enceinte est tracée par des fossés et des remparts ; cette enceinte ne présente qu'une étendue d'une demi-lieue ; rien ne peut entrer ou sortir que par les barrières ; la surveillance y est donc facile, et cette localité, loin de favoriser la fraude, aide à la contenir.

L'administration des Douanes dira-t-elle, comme autrefois, que la fraude se faisait à Dunkerque par une filtration continuelle que les allans et venans établissaient ?

L'objection, ainsi réduite, mérite peu qu'on y réponde. Arrêtons-nous y néanmoins un instant.

Ce ne sera pas, sans doute, en escaladant les remparts, en sautant les fossés que l'on tentera d'établir cette filtration ; le fraudeur se dénoncerait lui-même ! Ce n'est donc que par les barrières que la filtration pourrait s'opérer.

Mais aux barrières, les voitures, les malles, les caisses, les paquets sont ouverts ; la filtration ne serait donc plus que la misérable et insignifiante fraude que les allans et venans pourraient vouloir faire sous leurs vêtemens.

D'ailleurs, ces allans et venans sont soumis, à l'entrée de la ville, à la surveillance des employés des douanes, comme ils le sont à celle des employés de l'octroi. Les étrangers sont visités ; les gens de la campagne , les ouvriers , les hommes , les femmes et les enfans de toutes les classes du peuple le sont également. On n'exempte de cette formalité que les personnes qui , par leur état ou leur fortune , ont droit à cette marque de considération et de confiance ; et par cela même il est juste de penser qu'elles ne s'exposeront pas légèrement à des saisies et à des condamnations qui , si elles ne déshonorent pas , sont au moins humiliantes.

Quelques hommes peut-être , trop peu délicats ou trop imprudens , cédant à la manie de se procurer par adresse un léger bénéfice , hasarderont de courir cette chance ; ils introduiront ainsi quelques livres de sucre ou de café , quelques aunes d'étoffes , ou quelqu'autre misère. Voilà toute la filtration qui peut être à craindre ; voilà cette filtration sur laquelle on jette les hauts cris ; voilà à quoi se réduit cette filtration dont on voudrait se faire un prétexte contre l'une des plus grandes conceptions de Louis XIV et de Colbert.

Si la fraude , au surplus , eût jamais existé à Dunkerque , à un point qui justifiât cette qualification de *foyer de fraude* qu'on lui donne , une foule de procès-verbaux le constateraient. Où sont ces procès-verbaux ? Où sont les procédures instruites ? Où sont les jugemens de condamnation ? Et en supposant que les tribunaux n'eussent point fait droit aux poursuites dirigées par les employés des douanes , il existerait de leur part des plaintes en déni de justice. Les greffes des tribunaux , les sécrétariats des administrations de la province , les bureaux des ministres seraient pleins de ces procès-verbaux , de ces procédures , de ces jugemens , de ces plaintes. On ne produit cependant rien de semblable : pourquoi ? Parce que la fraude ne se faisait pas à Dunkerque.

Dira-t-on que les négocians , après avoir fait entrer les marchandises dans le port , les en faisaient sortir par la mer , au moyen

9

de petites embarcations , pour les répandre sur les côtes par des débarquemens clandestins ? Prétendra-t-on que les côtes, qui avoisinent Dunkerque , offrent des facilités pour pénétrer ainsi dans l'intérieur de la France ?

Prenons la carte à la main, et nous verrons que de toutes parts les localités y présentent au contraire des obstacles. A l'ouest, le canal de Mardick et ceux de Dunkerque et de Bergues à Saint-Omer, soigneusement gardés par les employés des douanes , s'opposent au passage ; à l'est, le canal de Furnes et celui des Moëres , gardés avec le même soin , s'y opposent également ; il y a d'ailleurs des postes de douaniers établis de lieue en lieue sur les côtes pour en observer de jour tous les mouvemens, et pour faire des patrouilles pendant la nuit.

Rappelons-nous d'ailleurs , à cette occasion , ces *smoggleurs* dont nous avons déjà parlé ; ces *smoggleurs* dont le métier est la fraude ; ces *smoggleurs* accoutumés à braver les dangers qui l'acompagnent , et à vaincre les difficultés qu'elle présente.

Croira-t-on que ces hommes , avides de gain , négligeraient ces débarquemens frauduleux , s'ils pouvaient y apercevoir quelque chance de succès ? Ne les verrait-on pas faire une double spéculation de fraude , se ménager des intelligences sur nos côtes , et y décharger des marchandises avant de venir prendre celles qu'ils introduisent de France en Angleterre ? Ils ne le font pas cependant, et l'on ne pourrait en citer un seul exemple ; tous arrivent directement à Dunkerque , à vide , et n'ayant pour lest que des pierres.

Une institution , au surplus, que , pour l'intérêt de l'Etat , il faut ou rétablir ou remplacer par une institution équivalente , existait à Dunkerque , et présentait une garantie de plus contre la fraude. Cette institution était l'amirauté.

Sa juridiction s'étendait à l'est du port jusqu'aux limites de France , à la distance d'environ quatre lieues, et à l'ouest , jusqu'au port de Gravelines inclusivement.

Les procès-verbaux des employés des douanes, pour contra-
ventions commises dans l'étendue de ce ressort, étaient remis au
procureur du Roi de ce siége, qui requérait contre les prévenus
l'application des peines portées par la loi.

Les officiers de l'amirauté jugeaient avec le concours de l'intendant de la province, à qui il était rendu compte de tous les
délits, et qui avait le droit, pour ces sortes d'affaires, de pré-
sider le tribunal. La fraude, dans les cas très-rares où elle avait
été commise, était ainsi poursuivie et punie avec une inflexible
sévérité.

La surveillance de l'amirauté prévenait même la fraude ; des
huissiers visiteurs, des sergens de police et des gardes étaient
chargés de cette surveillance sur les côtes et dans le port, tant de
nuit que de jour.

Nous pouvons citer à cet égard les cas assez fréquens de bris,
de naufrage ou d'échouement qui, par leur nature, peuvent favoriser des introductions frauduleuses.

Le cas arrivant, un garde-côte se détachait pour prévenir les
officiers de l'amirauté qui se rendaient de suite sur les lieux. En
attendant, les autres gardes procuraient aux naufragés les secours
dont ils pouvaient avoir besoin, secondaient les employés des
douanes pour empêcher tout enlèvement, et il est sans exemple
que le moindre paquet eût jamais pénétré dans l'intérieur à la
faveur de ces événemens.

L'amirauté secondait enfin, dans toutes circonstances, les mesures du Gouvernement.

Lorsque la cherté des grains ou de tout autre comestible
en faisait prohiber la sortie, elle maintenait sévèrement cette
prohibition dans le port de Dunkerque.

Dans tous les tems elle y surveillait et empêchait l'exportation
du numéraire, des chiffons nécessaires à la fabrication du papier,
et de tous les objets dont l'exportation était défendue.

Ainsi les institutions existantes à Dunkerque concouraient avec les localités elles-mêmes pour rendre la fraude impossible, ou du moins extrêmement faible et extrêmement rare. On ne peut résister à la conviction qui doit résulter, sur ce point, de tout ce qui précède.

Nous devons cependant ajouter, en l'honneur des négocians de Dunkerque, que leur manière de penser répugne aux spéculations de la fraude. Et, en effet, un tribunal des douanes a été établi dans leur ville en 1810 et y a existé jusqu'au mois d'avril de cette année. Pendant tout ce tems les opérations de fraude les plus lucratives s'offraient aux spéculateurs. Le sucre, par exemple, qui valait six francs en France, ne valait pas vingt sols en Angleterre. Néanmoins, une seule saisie, pendant ces quatre années, a été pratiquée par les employés des douanes et portée devant le tribunal. Encore faut-il observer qu'il s'agissait de marchandises débarquées par un canot *sur la côte, à une demi-lieue du port*, et que les coupables, qui ont d'ailleurs été condamnés, étaient des hommes *obscurs et étrangers au commerce*.

Mais, demandera-t-on, d'où provenait donc cette fraude qui se faisait sur les frontières de la Belgique, et que l'on attribuait à la localité de Dunkerque et à sa Franchise?

Elle provenait des lieux d'où elle provient encore aujourd'hui; elle provenait du port d'Ostende, qui n'est qu'à 10 lieues de Dunkerque, et qui présente à cette fraude les plus grandes facilités.

Là, la fraude contre la France s'organise librement et ostensiblement; là, le fraudeur a devant lui soixante à soixante cinq lieues de frontières ouvertes, et il peut, après avoir tranquillement négocié ses ventes, diriger ses expéditions sur le point le plus convenable aux arrangemens qu'il a pu faire.

Voilà ce qui se faisait autrefois, et ce qui se fait encore en ce moment. C'est à Ostende qu'ont toujours débarqué et que débarquent de nouveau les marchandises destinées à la fraude de la Belgique; c'est le port d'Ostende qui, étant le port le plus voisin de la frontière, est, par sa position, le seul et véritable foyer de cette fraude.

Quant aux marchandises qui arrivaient à Dunkerque, elles y étaient vendues à des étrangers si leur entrée en France était prohibée ; les autres étaient ou vendues aussi à des étrangers ou vendues à des Français ; et dans ce dernier cas, elles entraient ostensiblement en France *en payant les droits.*

On pourra s'en convaincre par les registres des douanes, où l'on verra que la perception des droits à Dunkerque, du tems de la Franchise, s'élevait annuellement à trois millions : cette perception était assez élevée sans doute pour que l'on puisse en conclure qu'il ne s'y faisait point de fraude.

Enfin, après avoir prouvé que la fraude, par Dunkerque même ou sur les côtes qui l'avoisinent, est une chimère, prouvons que le rétablissement de la Franchise de cette ville est le seul moyen, sinon de faire cesser la fraude de la Belgique, au moins de la diminuer considérablement.

Que veulent en effet ces étrangers qui, dans ce moment, nous encombrent de leurs marchandises ? Ils veulent les vendre ; c'est là leur unique but ; et dès qu'ils les vendent, il leur importe peu que ce soit en fraude ou autrement ; il est même évident qu'ils n'ont recours à la fraude, que parce qu'ils ne peuvent faire mieux ; car la fraude les expose à des risques et à des pertes, s'ils la font eux-mêmes et pour leur compte, ou à des sacrifices s'ils la font faire au moyen de primes qu'ils accordent.

Que la Franchise de Dunkerque soit rétablie, on verra ces étrangers y amener, comme autrefois, leurs marchandises, et comme autrefois aussi, ces marchandises y seront ou vendues à des étrangers, ou introduites en France *en payant les droits.*

Comme autrefois enfin, les spéculateurs français, les fabricans, les manufacturiers, trouvant à Dunkerque tout ce qui leur sera utile et nécessaire, viendront s'y approvisionner ; les recettes des douanes ne tarderont pas à le prouver, et la fraude de la Belgique ne s'exercera plus que faiblement et sur les objets prohibés.

Un exemple bien frappant va confirmer ce que nous avançons.

En l'an 8 (1800), une fraude semblable à celle qui se fait en ce moment par la Belgique, se faisait par les frontières de la Hollande, alors limitrophes du département des Deux-Nèthes. M. Bourdon-Vatry, ordonnateur des mers du Nord, en résidence à Anvers, fit le raisonnement que nous venons de présenter, et proposa au Gouvernement, comme moyen de faire cesser la fraude, d'accorder la Franchise au port d'Anvers. La Franchise fut accordée ; la fraude cessa, et les douanes produisirent 800,000 francs par mois (1).

Enfin, et ce qui est sans réplique, c'est que dans ce moment où la Franchise de Dunkerque n'existe pas, la fraude de la Belgique se fait. Elle ne s'y fait pas par une filtration insignifiante, comme celle que l'on voulait reprocher à Dunkerque ; elle s'y fait par une filtration de tous les jours, de toutes les heures, de tous les instans ; elle s'y fait ostensiblement à dos d'homme, avec des chevaux, avec des voitures, sur les soixante-cinq lieues de frontières ouvertes, et elle est telle enfin, qu'en une seule semaine, il entre, en France, par ce moyen, une plus grande quantité de marchandises anglaises qu'il n'en entrait en vingt ans, par ce même moyen, sous le régime de la Franchise.

---

(1) Des considérations, qui tenaient à un vaste système de conquêtes, ont depuis fait révoquer cette Franchise.

IIᵉ. *Objection.*

Il suffit d'accorder un entrepôt aux négocians de
Dunkerque pour leur procurer l'avantage de
faire tout à la fois le commerce national et
le commerce de l'Étranger.

RÉPONSE. — Si l'entrepôt présente à l'étranger le même attrait que la Franchise, l'objection que l'on nous fait est sans
réplique.

Il faut donc examiner ici la position de l'étranger arrivant
à Dunkerque, *Port franc;* ou arrivant à Dunkerque, *Entrepôt.*

L'étranger qui arrive en Franchise à Dunkerque conserve ses
marchandises à son bord, ou les débarque soit en totalité, soit en
partie, suivant sa volonté.

La ville entière est pour lui l'entrepôt.

Les maisons, occupées par les négocians, se prêtent en tous
points à ses convenances; toutes sont construites et spécialement
disposées pour le service de la Franchise; l'étranger s'y procure
avec facilité des magasins, soit dans des caves, soit au rez-
de-chaussée, soit dans les étages élevés; il les choisit secs ou
humides, resserrés ou spacieux, suivant ce qu'exigent la nature
et la quantité de ses importations. Il fait dans ces magasins toutes
les dispositions intérieures qui peuvent rendre le maniement, la
visite et la conservation de ses marchandises plus faciles et plus
commodes.

Si ses marchandises ont contracté à bord quelque humidité
ou quelque avarie, il y fait porter les remèdes convenables; il
les fait déballer, les fait remuer, les fait étendre; il les change
même de magasins s'il le faut.

Il prend, pour la conservation de ses liquides, les précautions de tous les instans qu'elle exige; il fait visiter fréquemment les futailles, et prévient ainsi toutes causes d'altération et de coulage.

Il étale ses marchandises si elles en sont susceptibles; il tient des caisses ou ballots ouverts pour servir d'échantillons; il dispose tout de manière à attirer et à flatter les acheteurs.

A toute heure du jour il peut introduire, dans ses magasins, les amateurs qui se présentent; il en confie, s'il le veut, la surveillance à des personnes de son choix et capables de donner, en son absence, tous les renseignemens que l'on peut désirer.

Il fait au besoin subir à ses marchandises tous les changemens convenables à ses intérêts. D'un ballot il en forme plusieurs; il fait les assortimens ou mélanges qui peuvent lui être demandés; il fait transvaser les liquides; il en fortifie ou diminue le degré; il les colore, il les clarifie, il les soumet enfin à toutes les opérations que son intérêt lui dicte, ou qui s'accordent avec les convenances des acheteurs. Dans toutes ces opérations il jouit d'une pleine liberté; il prend, pour s'y livrer, les momens les plus convenables, et y apporte ainsi tous les soins et toute l'économie dont elles sont susceptibles.

Rien ne gêne non plus sa volonté dans l'emploi des moyens propres à lui procurer l'écoulement de ses marchandises et d'en tirer le parti le plus avantageux. Il les vend ou les échange, soit pour être livrées de suite, soit à la charge de les conserver pour un tems quelconque dans ses magasins. Il forme et suit à son gré les combinaisons que lui présentent les espérances de hausse, ou les craintes de baisse qu'il peut avoir.

Enfin l'étranger est chez lui dans les magasins qu'il s'est procurés; il ne lui en coûte pour cela qu'un modique loyer; sa marchandise y est sous sa main, sous sa clef; personne ne vient l'y troubler ; il n'a de compte à rendre à personne, et il n'y connaît d'autre loi que celle de ses convenances et de son intérêt.

Voyons maintenant la position de l'étranger arrivant à l'entrepôt.

Il est tenu d'abord de faire la déclaration de la nature, du poids et de la valeur des marchandises qui composent sa cargaison ; et la vérification de sa déclaration doit être faite avant le débarquement. Il est ensuite tenu de faire transporter la totalité de ses marchandises dans les magasins de l'entrepôt.

Ces magasins sont choisis par la Douane ; l'étranger qui arrive les trouve plus ou moins encombrés de marchandises précédemment arrivées ; les siennes y prennent les places qui, dans le moment, s'y trouvent libres. Des marchandises de nature différente se trouvent ainsi dans un même magasin, qui nécessairement est impropre et quelquefois nuisible à quelques-unes ; les marchandises elles-mêmes peuvent se nuire entre elles par leur qualité ou par leur odeur.

Bientôt d'autres marchandises arrivent, sont introduites à leur tour et ajoutent à l'encombrement des magasins.

Dans cet état, les soins qu'exige la conservation des marchandises, sont en quelque sorte impossibles. Faut-il, par exemple, les mettre à l'air, on perd chaque matin du tems pour les sortir, et chaque soir il faut les rentrer ; il n'est pas permis d'ailleurs de les changer de magasins ; on ne peut ainsi remédier aux avaries contractées à bord avant l'arrivée, et les marchandises en contractent souvent de nouvelles dans l'entrepôt.

Les visites fréquentes que demande la conservation des liquides sont impraticables ou ne peuvent se faire à tems ; la liqueur s'altère et des coulages en font perdre une partie, faute d'avoir pu veiller au bon entretien des futailles.

Les difficultés s'accroissent, tant par la nécessité de demander l'ouverture des magasins aux commis de la Douane, toutes les fois que l'on veut y entrer, que par les heures fixées pour ces ouvertures. Ces difficultés, les longueurs qu'elles entraînent, rebutent et ne permettent pas cette surveillance, ces soins de tous les instans qui peuvent parer à tant de pertes.

Toutes ces entraves se renouvellent lorsque quelqu'amateur se présente. On ne peut l'introduire au magasin que de 9 heures du matin à 5 heures du soir et en présence du commis qu'il faut prévenir. L'encombrement du magasin empêche souvent d'atteindre aux marchandises qu'on veut lui montrer, ou rend au moins difficile l'ouverture des ballots et des caisses. Pour y parvenir il faut déplacer d'autres marchandises ; il faut employer des bras et les payer. Quelquefois même il arrive qu'en cherchant la marchandise que l'on veut vendre, le hasard de ces remuemens en fait voir, à l'amateur, une autre qu'il préfère, et la vente que l'on projetait est manquée.

Le propriétaire ou consignataire ne peut d'ailleurs opérer aucun changement dans la nature et la qualité de ses marchandises. Toute altération, toute amélioration même serait en opposition avec les déclarations faites à l'arrivée, et l'identité des marchandises n'existant plus, le constituerait en contravention. Il ne peut ainsi se plier, comme son intérêt le veut néanmoins, aux demandes, aux goûts, aux convenances de ses acheteurs.

Le terme fixé pour la durée de l'entrepôt d'une marchandise entraîne surtout les plus graves inconvéniens. Les entraves que l'on a éprouvées en ont plusieurs fois fait manquer la vente ; on se livre à l'espoir de trouver quelque nouvelle occasion ; le tems s'écoule et le délai va enfin expirer. Que faire alors ? Il faut prendre le premier navire en charge et en suivre la destination, soit qu'elle convienne ou qu'elle ne convienne pas à la marchandise ; on court ainsi le risque de faire forcément une spéculation ruineuse ou il faut vendre à des prix désavantageux.

L'étranger enfin, dans un entrepôt, n'est pas maître du lieu qui renferme sa propriété; elle est sous la main et sous la clef de la Douane; il est obligé de se conformer aux convenances des commis de cette administration, de s'assujettir à leurs formes minutieuses, contrariantes, décourageantes; un témoin important, présent à toutes ses opérations, peut découvrir des procédés qu'il a intérêt de ne pas laisser connaître; il est inévitablement soumis à des frais, à des détériorations, à des pertes; enfin, il est à tout moment troublé dans ses convenances, dans son intérêt, et on lui fait acheter tant de contrariétés et d'entraves par un droit de demi pour cent, qu'il paye sur la valeur de ses marchandises.

Il nous eût été facile de donner bien d'autres développemens à ce tableau d'opposition; mais nous en avons dit assez pour démontrer que si la Franchise doit attirer de toutes parts le commerce, l'entrepôt n'est propre qu'à le repousser.

Ne nous aveuglons pas sur les effets de l'un et de l'autre. Si Dunkerque n'a qu'un entrepôt, l'étranger ira chercher dans les ports de la Hollande, dans celui d'Anvers ou dans celui d'Ostende, cette liberté qui lui est nécessaire. Ostende surtout, deviendra funeste aux intérêts de la France, et la fraude, dont ce port est le foyer, y prendra une consistance que rien ne pourra détruire. On verra s'y élever des compagnies d'assurance pour la fraude; et cette masse de denrées étrangères, dont nous ne pouvons nous passer, et dont l'État retirait un tribut considérable lorsque la Franchise de Dunkerque nous les procurait, n'entrera plus en France qu'en éludant le payement des droits établis.

Tels seraient les effets d'une institution que l'imprévoyance voudrait substituer à la Franchise dont l'expérience des siècles a démontré les avantages. Ah! défions-nous de ces nouveaux systèmes! Gardons-nous de ces théories, dont nous avons fait de si douloureux et de si tristes essais! gardons-nous en surtout en ce qui touche à l'administration commerciale maritime ! L'état actuel de la France et de nos colonies est une grande leçon.

IIIe. *Objection.*

> *C'est une erreur de croire que Dunkerque ait rempli les grandes vues de Louis XIV. — Malgré sa Franchise , cette ville n'a jamais eu une grande population , et n'a jamais fait un grand commerce ?*

RÉPONSE. — Il serait plus juste de s'étonner du point de prospérité que Dunkerque avait atteint au moment où la suppression de sa franchise est venue l'anéantir , que de lui faire le reproche de n'avoir pas rempli les vues de Louis XIV. Un coup-d'œil sur quelques-uns des événemens rappelés dans l'historique de ce mémoire , suffira pour le prouver.

Lorsqu'à la fin du 17e. siècle , M. Barentin réclama pour Dunkerque contre les atteintes que la ferme générale avait portées à la Franchise de cette ville , ce magistrat fondait sa réclamation sur ce que cette Franchise était *utile à la province , au royaume et aux fermes du Roi.*

Louis XIV en jugea de même sans doute , puisqu'accueillant la réclamation de M. Barentin , il rétablit la Franchise de Dunkerque dans toute son intégrité , par sa déclaration du 16 février 1700.

Et lorsqu'en 1709 on voit l'Angleterre demander la démolition du port de Dunkerque , lorsqu'on voit Louis XIV résister pendant près de trois ans à cette demande , et n'y acquiescer enfin que pour parvenir à détacher l'Angleterre de la coalition qu'il avait à combattre , peut-on révoquer en doute l'importance du commerce de Dunkerque ?

Depuis cette époque jusqu'en 1777, de combien de malheurs cette ville n'a-t-elle pas été frappée? Son port a été détruit en 1712, en 1717, en 1748, en 1763. A chacune de ces époques, l'émigration de ses capitalistes, de ses marins, de ses ouvriers, anéantissait ses moyens. Que d'efforts ne fallait-il pas? Combien ne fallait-il pas de constance, d'activité, d'industrie, de courage, pour soutenir, pour relever le commerce au milieu de tant d'obstacles et de pertes? Tel est pourtant le spectacle intéressant que la ville de Dunkerque a présenté pendant plus de soixante-dix ans de vicissitudes et d'oppression. Malgré les batardeaux, les coupures dans les jetées, les ruines et les décombres de son port, cette ville, qu'on croyait ne plus exister, annonçait sa résurrection, et méritait cette protection dont nous avons vu Louis XV la couvrir pendant cette période d'infortunes.

Que l'on consulte d'ailleurs les archives de tous les ministères, on y verra que, dans tous les tems, dans toutes les circonstances, les principaux personnages du royaume, les hommes chargés par leurs places des grands intérêts de l'État, ont considéré la Franchise de Dunkerque comme une institution politique nécessaire à la prospérité générale du commerce; on y verra les intendans de la province, les intendans de la marine, les intendans du commerce et des manufactures, la défendre avec le plus vif intérêt; on y verra les conseillers d'état, les maîtres des requêtes, envoyés à Dunkerque pour des missions particulières relatives à la Franchise, la soutenir de tout leur pouvoir; on y verra les grands amiraux, les princes, la protéger, et tous les ministres la maintenir à l'exemple de Colbert.

Enfin l'autorité la plus imposante vient attester combien Dunkerque, malgré ses revers, avait rempli les vues de Louis XIV; et nous la trouvons cette autorité dans les lettres-patentes de 1784, que nous avons déjà citées, et par lesquelles Louis XVI, après la guerre de l'Amérique, confirma la Franchise de Dunkerque. Rappelons encore une fois les expressions de ce Prince.

« Nous balançons d'autant moins , dit-il , à confirmer ces
» privilèges , *que les avantages inestimables* QUI EN ONT ÉTÉ LA
» SUITE , nous apprennent quels heureux effets nous devons en
» attendre dans les circonstances présentes. »

A cette époque néanmoins , à cette époque où Louis XVI dé-
clarait si solennellement que des avantages *inestimables* avaient
été *la suite* de la concession du privilége de Dunkerque , cette
ville n'était point encore parvenue à ce point de prospérité qui
l'a , depuis , si éminemment distinguée.

C'est à dater de cette époque que le commerce y a pris cet essor
dont la progressive rapidité a fait l'étonnement de l'Europe ; c'est
alors que la population s'y est accrue tout à coup de manière que,
dès l'année suivante, Louis XVI sentit la nécessité de concéder
à la ville tous les terreins que l'État possédait dans son enceinte.

C'est alors que l'on a vu les pêches et toutes les branches du
commerce de Dunkerque surpasser toutes les espérances ; que l'on
a vu douze à treize cents navires , non compris les bâtimens in-
terlopes , entrer annuellement dans son port ; et environ cent
cinquante bâtimens appartenant à des Dunkerquois , sans compter ceux employés à la pêche et les bélandres , faire partie de cette
importante navigation , servie par six mille matelots au moins.

C'est alors qu'on a vu le commerce de Dunkerque s'étendre jusqu'au fond de la Baltique, aux Colonies, sur la côte d'Afrique, dans
l'Inde , en même tems que , par son cabotage , il approvisionnait
les provinces du Midi de la France des productions de celles du
Nord , et qu'il rapportait au Nord les productions du Midi.

C'est alors qu'on l'a vu , par ces opérations aussi nombreuses
qu'importantes, pourvoir aux besoins de notre marine, de nos
manufactures, de nos arts, procurer à l'industrie française un
écoulement assuré pour tous ses produits, et enrichir la France

par les importations immenses de numéraire qui résultaient de ces opérations.

Tels avaient été les progrès du commerce de Dunkerque depuis l'instant où, dégagé de toute entrave, et restitué dans l'intégrité de sa franchise, il avait pu jouir des avantages de sa position et des ressources de son industrie. Tels avaient été les fruits toujours croissans de dix années de paix et de liberté, lorsque la suppression de la Franchise vint arrêter le cours de ces succès et renverser tant de prospérités et d'espérances.

Mais le sort de Dunkerque va changer. Les lumières de Louis XVIII en sont le garant, et la politique de ce Prince ne sera pas différente de celle de ses prédécesseurs. Il révoquera l'arrêt de mort prononcé contre Dunkerque par le décret de la Convention ; il rendra à cette ville la Franchise que sa position appelle, cette Franchise absolue et entière que le voisinage de ports francs étrangers commande ; et Dunkerque, sortant de ses ruines, fera flotter de nouveau le pavillon blanc et les fleurs de lys sur toutes les mers ; son commerce reprendra l'éclat qui lui appartient, et redeviendra pour l'État une source de richesses et d'abondance.

Signé le Ch^r. COPPENS, *Écuyer, ancien Procureur du Roi de l'Amirauté,* et BLAISEL , *Avocat ; Députés de Dunkerque.*

De l'Imprimerie de Nouzou, rue de Cléry, N°. 9, à Paris.